工业和信息化部"十四五"规划教材
校企"双元"合作精品教材
高等职业院校"互联网+"系列精品教材

5G 承载网建设与维护

阴法明　周学龙　才岩峰　马　敏　主　编
杜卫东　罗明玉　副主编

电子工业出版社
Publishing House of Electronics Industry
北京·BEIJING

内 容 简 介

本书围绕快速发展的移动通信技术——5G 承载网技术进行编写，从 5G 承载网组网架构和关键技术切入，主要内容包括 5G 承载网的建设与维护两大部分。网络建设部分包括安装规范及注意事项、调试方法和面向 5G 需求的业务配置方法；网络维护部分分为日常维护、定期维护及故障处理 3 个部分，主要介绍网络维护的方法及故障处理的技巧。本书内容全面翔实，对系统地掌握 5G 承载网技术具有较强的指导作用，对网络建设和运行维护等工作也具有较高的实用价值。

本书可作为高职高专院校 5G 承载网建设与维护课程的教材，也可作为开放大学、成人教育、自学考试、中职学校、培训班的教材，以及 5G 网络运维工程技术人员的参考用书。

本书配有免费的电子教学课件、微课视频等，详见前言。

未经许可，不得以任何方式复制或抄袭本书之部分或全部内容。

版权所有，侵权必究。

图书在版编目（CIP）数据

5G 承载网建设与维护 / 阴法明等主编. —北京：电子工业出版社，2023.2
高等职业院校"互联网+"系列精品教材
ISBN 978-7-121-44790-7

Ⅰ. ①5… Ⅱ. ①阴… Ⅲ. ①无线电通信－移动网－高等职业教育－教材 Ⅳ. ①TN929.5

中国版本图书馆 CIP 数据核字（2022）第 249156 号

责任编辑：陈健德（E-mail：chenjd@phei.com.cn）
特约编辑：杨秋娜
印　　刷：北京七彩京通数码快印有限公司
装　　订：北京七彩京通数码快印有限公司
出版发行：电子工业出版社
　　　　　北京市海淀区万寿路 173 信箱　邮编　100036
开　　本：787×1 092　1/16　印张：12　字数：307.2 千字
版　　次：2023 年 2 月第 1 版
印　　次：2025 年 8 月第 3 次印刷
定　　价：48.00 元

凡所购买电子工业出版社图书有缺损问题，请向购买书店调换。若书店售缺，请与本社发行部联系，联系及邮购电话：（010）88254888，88258888。

质量投诉请发邮件至 zlts@phei.com.cn，盗版侵权举报请发邮件至 dbqq@phei.com.cn。
本书咨询联系方式：chenjd@phei.com.cn。

扫一扫看模拟试卷 A

扫一扫看模拟试卷 B

"科技兴则民族兴，科技强则国家强"。党的二十大报告指出，必须坚持科技是第一生产力、人才是第一资源、创新是第一动力，深入实施科教兴国战略、人才强国战略、创新驱动发展战略，开辟发展新领域新赛道，不断塑造发展新动能新优势。

在当今数字化飞速发展的时代背景下，5G 商用不仅标志着我国乃至全球通信领域的重大进步，也是落实二十大精神，推动高质量发展的具体实践。5G 作为新一代移动通信技术，以其增强型移动宽带（eMBB）、超可靠低时延通信（uRLLC）和大规模机器类型通信（mMTC）三大应用场景，对承载网提出了前所未有的要求——更高的带宽、更低的延迟、更精确的同步、更灵活的调度以及更强的可靠性。

5G 承载网作为连接无线接入网与核心网的关键桥梁，其性能直接关系到 5G 应用能否顺利部署和服务质量。面对这些新挑战，作为未来通信行业的建设者，应当积极响应党中央号召，深入理解与掌握 5G 承载网的相关知识，致力于攻克关键技术难题，为构建更加智能高效的通信网络贡献力量，助力我国在全球通信领域竞赛中占据领先地位，为实现科技强国的伟大梦想添砖加瓦。

4G 承载网主要分为两个技术方向，以中国移动为代表使用的 PTN（Packet Transport Network，分组传送网）技术和以中国电信、中国联通为代表使用的 IPRAN（Internet Protocol Radio Access Network，IP 无线接入网）技术。两种技术各有特点：PTN 基于 MPLS（Multi-Protocol Label Switching，多协议标记交换）-TP（Tunneling Protocol，隧道协议）协议，在保护、同步、管理方面更有优势；IPRAN 基于 IP/MPLS 协议，在 L3VPN、网络自愈方面表现更好。

随着 5G 时代的到来，不管是 PTN 还是 IPRAN 均无法满足 5G 新业务的要求，我国三大运营商均提出了自己的 5G 承载技术方案。2017 年 6 月，中国移动联合中国信息通信研究院、中兴通讯股份有限公司（以下简称中兴通讯）、华为技术有限公司和烽火科技集团等提交了 SPN 技术方案架构；2017 年 10 月，中国电信提出了 M-OTN 的概念及基于 FlexO（Flex OTN，灵活光传送网）技术的解决方案；2018 年 2 月 9 日，中国联通牵头制定了 ITU-T G.698.4 标准（即 G.metro 标准）。

本书的内容主要划分为 4 个项目。第一个项目为 5G 承载网认知，包含 5G 承载网的概述、网络结构及关键技术；第二个项目为 5G 承载设备安装，包含 5G 承载设备介绍及硬件安装两部分；第三个项目为 5G 承载设备调试和数据配置，包含 5G 承载设备开通及业务配置两部分；最后一个项目为 5G 承载网维护，主要介绍一些维护知识及故障处理方法。

本书由南京信息职业技术学院教师和南京中兴信雅达信息科技有限公司工程师共同进行内容架构和编写。具体分工为：阴法明编写项目 1、项目 2，并进行统稿；才岩峰和周学龙编写项目 3；马敏编写项目 4；杜卫东、罗明玉完成教材配套资源的制作。

由于 5G 标准尚未全面完成，编者的知识和视野也有一定的局限性，书中如有不准确、不完善之处，请广大读者及专家批评指正。

为方便教师教学，本书还配有免费的电子教学课件、微课视频等，请有此需要的教师通过扫一扫书中二维码阅览或登录华信教育资源网（http://www.hxedu.com.cn）免费注册后进行下载，若有问题，请在网站留言或与电子工业出版社联系（E-mail：hxedu@phei.com.cn）。

编　者

扫一扫看模拟试卷 A 参考答案

扫一扫看模拟试卷 B 参考答案

目录

项目1 5G承载网认知 ……………… 1

任务1 绘制5G承载网拓扑图 ……… 2
- 1.1 任务描述 ……………………… 2
- 1.2 任务目标 ……………………… 2
- 1.3 知识准备 ……………………… 2
  - 1. 5G的定义及特点 …………… 2
  - 2. 5G三大应用场景 …………… 2
  - 3. 5G组网常见概念 …………… 2
  - 4. 5G业务对承载网的需求 …… 3
  - 5. 5G无线接入网结构 ………… 4
  - 6. 5G承载网结构 ……………… 5
  - 7. 5G承载技术 ………………… 6
- 1.4 任务实施 ……………………… 6

任务2 理解5G承载网关键技术 …… 9
- 2.1 任务描述 ……………………… 9
- 2.2 任务目标 ……………………… 9
- 2.3 知识准备 ……………………… 9
  - 1. 5G承载网的分层架构 ……… 9
  - 2. 5G承载网关键技术——
    FlexE技术 …………………… 10
  - 3. 5G承载网关键技术——
    SR技术 ……………………… 13
  - 4. 5G承载网的其他关键技术 … 18
- 2.4 任务实施 ……………………… 18

任务3 估算5G承载网的带宽 ……… 21
- 3.1 任务描述 ……………………… 21
- 3.2 任务目标 ……………………… 21
- 3.3 知识准备 ……………………… 21
  - 1. 网络模型与计算方法 ……… 21
  - 2. 4G承载网的带宽估算 ……… 21
  - 3. 5G承载网的带宽估算 ……… 22
- 3.4 任务实施 ……………………… 22

习题1 …………………………………… 25

项目2 5G承载设备安装 ……………… 26

任务4 认识5G承载设备 …………… 27
- 4.1 任务描述 ……………………… 27
- 4.2 任务目标 ……………………… 27
- 4.3 知识准备 ……………………… 27
  - 1. 硬件架构 …………………… 27
  - 2. 单板介绍 …………………… 31
- 4.4 任务实施 ……………………… 32

任务5 开箱验货与设备清点 ……… 35
- 5.1 任务描述 ……………………… 35
- 5.2 任务目标 ……………………… 35
- 5.3 知识准备 ……………………… 35
  - 1. 操作概述 …………………… 35
  - 2. 开箱验货的操作流程 ……… 36
  - 3. 货物摆放与管理方法 ……… 36
  - 4. 开箱验货工作汇报与过程
     文档输出要求 ……………… 37
- 5.4 任务实施 ……………………… 37

任务6 安装设备 ……………………… 43
- 6.1 任务描述 ……………………… 43
- 6.2 任务目标 ……………………… 43
- 6.3 知识准备 ……………………… 43
  - 1. 环境准备 …………………… 43
  - 2. 资料准备 …………………… 44
  - 3. 工具准备 …………………… 44
- 6.4 任务实施 ……………………… 47

任务7 5G承载设备线缆布放 ……… 63
- 7.1 任务描述 ……………………… 63
- 7.2 任务目标 ……………………… 63
- 7.3 知识准备 ……………………… 63
  - 1. 线缆连接关系 ……………… 63
  - 2. 线缆安装注意事项 ………… 64
  - 3. 线缆整理 …………………… 65
- 7.4 任务实施 ……………………… 66

习题2 …………………………………… 77

项目3 5G承载设备调试和数据配置 … 79

任务8 5G承载设备调试准备 ……… 80
- 8.1 任务描述 ……………………… 80
- 8.2 任务目标 ……………………… 80

8.3 知识准备 80
    1. 设备调试概述 80
    2. 安全注意事项 80
    3. 需要收集的设备信息 80
    4. 调试工具 81
    5. 设备检查 81
8.4 任务实施 82

任务9 5G承载设备单站调试 85
9.1 任务描述 85
9.2 任务目标 85
9.3 知识准备 85
    1. 配置接入网元前的准备工作 85
    2. 设备清库原理 86
9.4 任务实施 87

任务10 5G承载设备对接调试 103
10.1 任务描述 103
10.2 任务目标 103
10.3 知识准备 103
10.4 任务实施 104

任务11 5G承载网FLexE链路配置 117
11.1 任务描述 117
11.2 任务目标 117
11.3 知识准备 117
    1. L2VPN原理 117
    2. FlexE链路配置流程 118
    3. 组网及参数规划 119
11.4 任务实施 121

任务12 5G承载网切片配置 129
12.1 任务描述 129
12.2 任务目标 129
12.3 知识准备 129
    1. 5G承载网切片概述 129
    2. 5G承载网网元切片 129
    3. 5G承载网网络切片 130
    4. 网元切片关键技术 130
12.4 任务实施 131

任务13 5G承载网SR业务配置 135
13.1 任务描述 135
13.2 任务目标 135

13.3 知识准备 135
    1. BGP/MPLS IP VPN 135
    2. HoVPN原理 136
    3. L3VPN业务配置流程 136
    4. 组网及参数规划 138
13.4 任务实施 144
习题3 151

项目4 5G承载网维护 152

任务14 5G承载网日常维护 153
14.1 任务描述 153
14.2 任务目标 153
14.3 知识准备 153
    1. 维护准备 153
    2. 通过告警模板查看重要告警 155
    3. 查询以太网端口告警 156
    4. 查询SDH光端口告警 156
    5. 数据备份与恢复 156
    6. 部件更换 158
    7. 维护注意事项 163
14.4 任务实施 164

任务15 5G承载网定期维护 167
15.1 任务描述 167
15.2 任务目标 167
15.3 知识准备 167
    1. 每周维护 167
    2. 每月维护 168
    3. 每季维护 169
15.4 任务实施 170

任务16 5G承载网故障处理 173
16.1 任务描述 173
16.2 任务目标 173
16.3 知识准备 173
    1. 故障处理原则 173
    2. 故障分类 174
    3. 故障定位常见方法 174
16.4 任务实施 177
习题4 183

参考文献 184

项目 1　5G 承载网认知

本项目从 5G 的定义和特点切入，引出 5G 承载网面对的挑战及技术变迁，让学生能够深度掌握 5G 承载网的组成、特点及定位，引导学生绘制出 5G 承载网拓扑图。本项目还介绍了 5G 承载网用到的 FlexE（Flex Ethernet，灵活以太网）、SR（Segment Routing，分段路由）和网络切片等关键技术，以及 5G 承载网不同场景下带宽的计算方法。

学习完本项目的内容之后，我们应该能够：

(1) 掌握 5G 的定义和三大典型应用场景；
(2) 掌握承载网的定义及演进；
(3) 了解国内三大运营商 5G 承载网的解决方案；
(4) 绘制 5G 承载网拓扑图；
(5) 理解 5G 承载网的关键技术；
(6) 计算 5G 承载网的带宽。

任务 1　绘制 5G 承载网拓扑图

1.1　任务描述

扫一扫看 5G 承载网拓扑图的绘制教学课件

通过本任务的学习，掌握承载网的定义及演进历史；初步认识 5G 承载网，了解 5G 的特点及三大应用场景；了解 5G 承载网的需求及国内三大运营商 5G 承载网的解决方案，熟悉 5G 承载网前传、中传和回传解决方案，绘制出 5G 承载网拓扑图。

1.2　任务目标

（1）掌握 5G 的定义和三大应用场景；
（2）了解 5G 的特点和承载网的需求；
（3）理解承载网的定义及演进发展；
（4）了解国内三大运营商 5G 承载网的前传、中传和回传解决方案。

1.3　知识准备

1. 5G 的定义及特点

5G 是第五代移动通信系统（5th Generation Mobile Networks）的简称，是第四代移动通信系统（4th Generation Mobile Networks，4G）的升级，是新的无线接入技术和现有无线接入技术的高度融合，是 2020 年以后广泛使用的新一代移动通信系统。5G 的三大主要优点是超高带宽、超低时延及海量连接。

2. 5G 三大应用场景

扫一扫看 5G 三大应用场景微课视频

国际标准化组织 3GPP（3rd Generation Partnership-Project，第三代合作伙伴）定义了 5G 的三大场景，分别是 eMBB（Enhanced Mobile Broadband，增强型移动宽带）、uRLLC（Ultra-Reliable Low-Latency Communications，低时延高可靠通信）和 mMTC（Massive Machine Type Communications，海量物联）。

eMBB 集中表现为超高的传输数据速率、广覆盖下的移动性保证等。在 eMBB 场景下，用户可以轻松享受在线 4K 视频及 VR/AR 视频，用户体验速率可提升至 1Gb/s，峰值速度甚至达到 10Gb/s。

在 uRLLC 场景下，通信时延要达到 1ms 级别，而且支持高速移动（500km/h）下的高可靠性（99.999%）和高安全性连接。uRLLC 场景包括车联网、工业控制、远程医疗等应用。

mMTC 能够支持大量终端同时接入，适合数据传输速率低且对时延不敏感的场景，如智能井盖、智能路灯、智能水表电表等。它强大的连接能力可以促进各垂直行业（智慧城市、智能家居、环境监测等）的深度融合，改变人们的生活方式。

3. 5G 组网常见概念

4G 向 5G 演进的过程中，5G NR、5G 核心网、4G 核心网和 4G 接入网混搭，形成多种网络部署方案。3GPP 为不同需求的运营商制定了不同部署"套餐"，总体上分为 SA 和 NSA 两大类，其网络架构如图 1.1 所示。

项目1　5G承载网认知

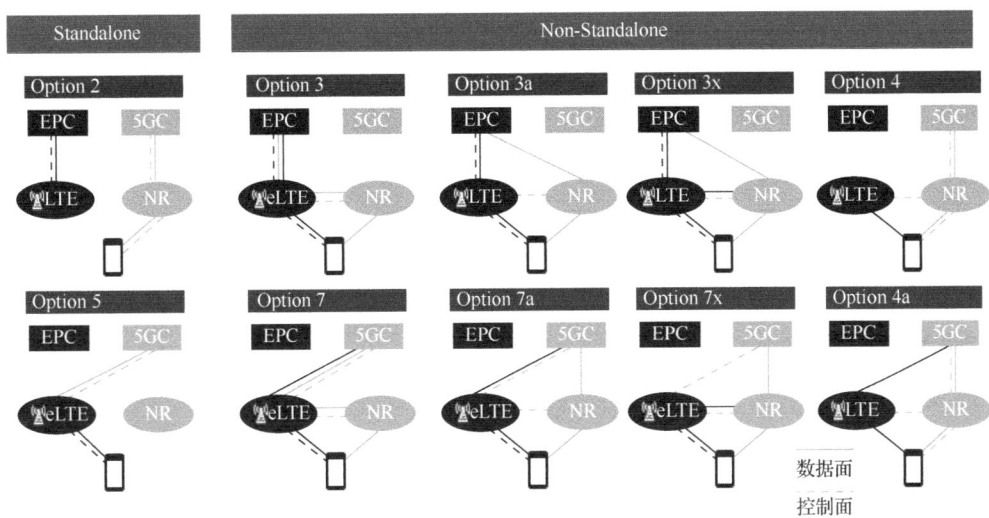

图1.1　5G组网模式

（1）非独立部署（Non-Standalone，NSA）：5G NR 以 LTE eNB 为控制面锚点接入 EPC，或以 eLTE eNB 作为控制面锚点接入 NGC。典型的部署方式为 Option 3、Option 7 和 Option 4。Option 3 的核心网采用 EPC，无线侧使用 LTE eNB；Option 7 的核心网采用 5GC，无线侧使用 eLTE eNB。Option 4a 与 Option 4 的区别在于 LTE eNB 升级为 eLTE eNB，可以与 5GC 直接连接，eLTE 数据流量可以直接进入 5GC。

（2）独立部署（Standalone，SA）：以 5G NR 作为控制面锚点接入 NGC，典型的部署方式为 Option 2 和 Option 5。

4．5G业务对承载网的需求

5G 业务对承载网的带宽、时延、可靠性指标要求大幅提升。想要满足要求，只靠无线空口改进是不行的，包括承载网在内的端到端网络架构，都必须更新。5G 承载网面临的挑战主要包括以下几个方面。

扫一扫看承载网的需求和结构微课视频

1）单站带宽需求增强

5G 空口的速率提升了几十倍，承载网带宽也大幅提升。5G 低频带均值速率为3Gb/s，峰值速率为8Gb/s；5G 高频带均值速率为6Gb/s，峰值速率为12Gb/s。5G 基站峰值速率相比4G有几十倍的提升，对现网设备（特别是接入层）带来巨大的挑战。

2）低时延和高可靠性

uRLLC 场景如车联网、工业控制等，对网络的时延和可靠性要求苛刻，端到端时延低至毫秒级。根据 3GPP TR 38.913 的要求，从手机、基站等终端设备到 5GC 核心网等设备的业务时延需求（UE-CU）：eMBB 场景业务为4ms，uRLLC 业务为500μs。5G 时延要求相比4G 有一个数量级的提升，现有网络架构难以满足。

此外很多 5G 场景，都提出了"6 个 9 级别（99.9999%）"的可靠性要求，因此承载网还要有足够强大的容灾能力和故障恢复能力。

3）泛在连接

5G 采用超密集组网技术，基站密度更高，站间协同是必选功能，东西向流量带宽需求相

比 4G 大幅增加。核心网云化部署在边缘 DC 中，边缘 DC 之间的东西向流量需要动态疏导。MEC 下沉到边缘汇聚层，MEC 之间也会产生东西向流量。同时 MEC 和边缘 DC 之间也产生南北向流量。因此 5G 承载网趋向于采用 Full Mesh 全连接，现有网络架构（L2+L3）需要重新设计。

4）高精度同步能力

5G 频段主要工作在 TDD 模式，空口帧结构相位同步要求端到端±390ns，承载网±260ns。在未来载波聚合场景下，端到端相位同步精度高至±130ns，室内定位业务更是要求基站空口时间同步精度达±10ns。

5）智能运维

5G 设备数量多，网络切片、Full Mesh 流量等新特性，导致承载网架构复杂，需要更智能化的网络运维系统，以降低网络的运营成本，实现网络的灵活、智能、高效和开放。

6）支持网络切片

网络切片是一种按需组网的方式，运营商在物理的通信网络上分离出多个虚拟的端到端网络。每个网络切片从无线接入网到承载网再到核心网，都在逻辑上隔离，以适配各种类型的应用，传送网切片是网络切片的重要组成。

5. 5G 无线接入网结构

无线接入网（Radio Access Network，RAN）的功能是把手机终端接入通信网络中。相比 4G 接入网，5G 接入网被重构为 3 个功能实体，分别是 CU（Centralized Unit，集中单元）、DU（Distribute Unit，分布单元）、AAU（Active Antenna Unit，有源天线单元）。5G 接入网和 4G 接入网的关系如图 1.2 所示。

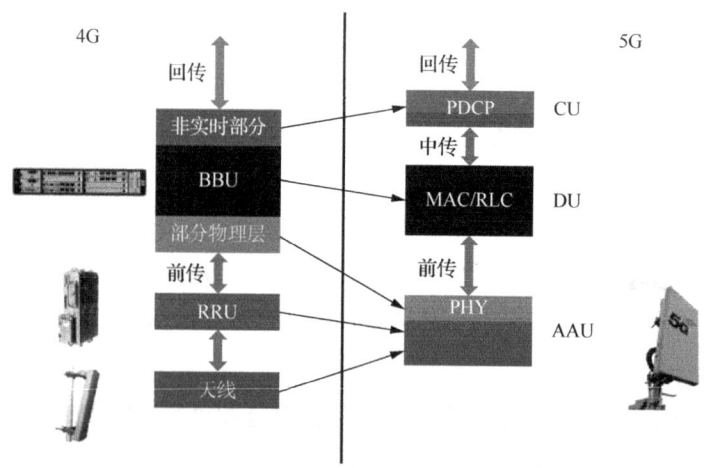

图 1.2 5G 接入网和 4G 接入网的关系

（1）CU：负责处理非实时协议和服务，包括非实时的无线高层协议栈功能，同时支持部分核心网功能下沉和边缘应用业务的部署。

（2）DU：负责处理物理层协议和实时服务。

（3）AAU：包含 4G BBU 的部分物理层功能、原 RRU 及无源天线功能。

5G 基站回传网络，分为前传（AAU 和 DU 之间）、中传（DU 和 CU 之间）、回传（CU

和核心网之间)。运营商可以根据环境需要灵活调整 DU 和 CU 的位置,按照其位置不同,5G 承载网又可分为 D-RAN(Distributed RAN,分布式无线接入网)和 C-RAN(Centralized RAN,集中化无线接入网)两大类。其中,C-RAN 还可分为"小集中"和"大集中",如图 1.3 所示。

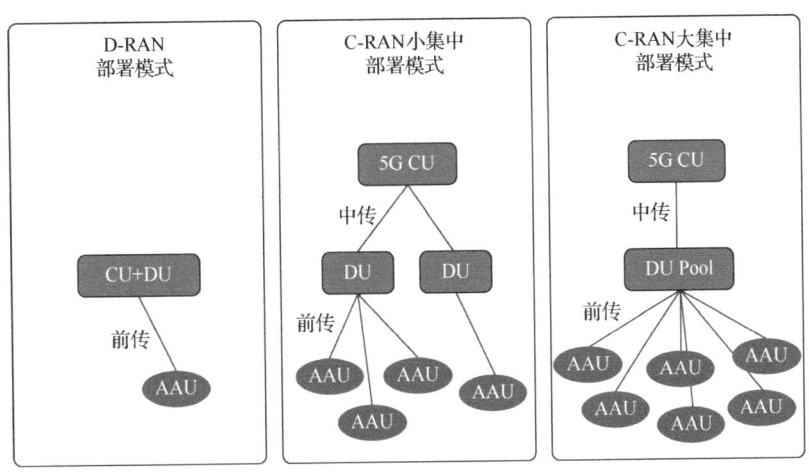

图 1.3 5G 无线接入网的部署方式

6．5G 承载网结构

5G 承载网主要是由城域网和骨干网共同组成的。城域网又分为接入层、汇聚层和核心层;骨干网又分为省级骨干网和国家骨干网。本书所述 5G 承载网主要指 5G 城域网。

5G 无线接入网部署模式的多样性,使 5G 承载网前传、中传、回传的位置也随之不同,依据 5G 提出的标准,CU、DU、AAU 可以采取分离或合设的方式,会出现多种网络部署形态,如图 1.4 所示,共分为 4 种方案。

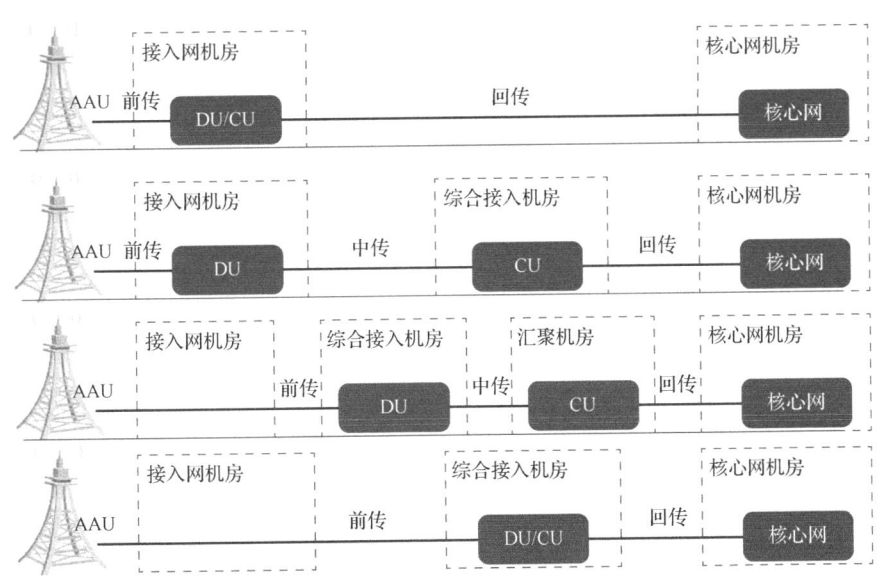

图 1.4 5G 承载网部署模式

方案 1:部署方式与传统 4G 宏站一致,CU 与 DU 共硬件部署,构成 BBU 单元,只有前传网和回传网,没有中传网。

方案 2：DU 部署在 4G BBU 机房，CU 集中部署。

方案 3：DU 集中部署，CU 更高层次集中。

方案 4：CU 与 DU 共站集中部署，类似 4G C-RAN 方式，只有前传网和回传网，没有中传网。

总之，5G 网络架构、网元形态都发生了巨大的变化，大部分网络设备均已经完成了虚拟化、云化，硬件资源池化、网元功能软件化，实现端到端的网络切片、统一按需的资源编排。5G 承载网形成了前传网、中传网、回传网、骨干网等多种形态，5G 网络部署更加敏捷、智能、灵活。

7．5G 承载技术

5G 承载网需要支持多层承载、网络切片、灵活连接调度及 4G/5G 混合承载。中回传还需要支持 L0～L3 的综合传送能力：①L0 提供超高速光接口，支持波分复用光层传输、组网和调度能力；②L1 采用 TDM 技术，为不同场景提供管道隔离及物理端口级别的网络切片功能；③L2 和 L3 层采用分组隧道及 VPN（Virtual Private Network，虚拟专用网络）技术，实现业务及应用的网络切片功能。

5G 中回传主要有 3 种方案。

1）切片分组网 SPN 方案

切片分组网 SPN 方案利用切片分组网 SPN 设备组建中回传网络，如图 1.5 所示。

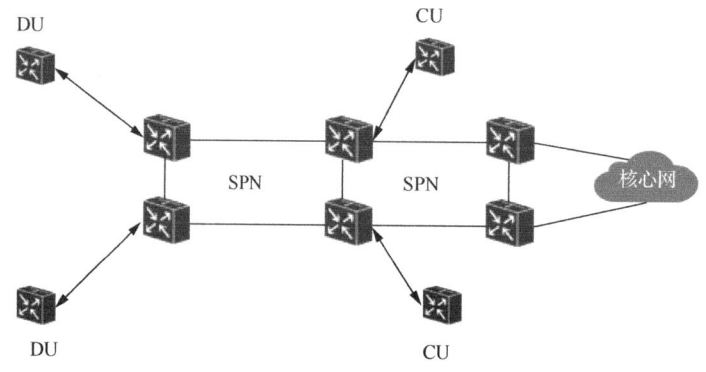

扫一扫看运营商承载网解决方案微课视频

图 1.5　切片分组网 SPN 方案

2）端到端分组增强型 M-OTN 方案

端到端分组增强型 M-OTN 方案的中传与回传网络全部使用分组增强型 M-OTN 设备进行组网，其网络架构与 SPN 类似。

3）IPRAN 2.0 方案

IPRAN 2.0 方案的中传采用 IPRAN 或 OTN 组建，回传采用 IPRAN 组建，其网络架构与 SPN 类似。

以上 3 种方案均支持 $n\times200GE/400GE$ 接口、FlexE 端口捆绑、多层次 OAM 及保护机制、快速故障检测定位和快速保护倒换。目前，中国移动使用 SPN 方案，中国电信使用 M-OTN 方案，中国联通使用 IPRAN 2.0 方案。

1.4　任务实施

任务实施记录单

班级_____ 学号_____ 姓名_____

  S 省建有一套 5G 承载网，省会 5G 承载网核心层采用日子型（口子型 4 个网元，日子型 6 个网元）组网，核心网为 5GC+EPC 共存方式，通过干线下挂 3 个地市，分别为 A 市、B 市和 C 市。A 市承载网建有一个口子型核心层，下挂 3 个大区，每个大区建有一个口子型汇聚层，分别下挂 3 个、4 个和 5 个接入层，接入层均有 6 个网元。B 市和 C 市的情况与 A 市相同，请根据以上描述绘制 S 省的 5G 承载网拓扑图。

项目 1　5G 承载网认知

任务 2　理解 5G 承载网关键技术

2.1　任务描述

扫一扫看 5G 承载网关键技术教学课件

本次任务重点学习 FlexE 和 SR 两个 5G 承载网关键技术。FlexE 服务于 eMBB 场景，支持带宽按需扩展，为网络切片提供支撑，同时 FlexE 交叉技术可以有效降低业务的转发时延。SR 是解决 5G 承载网灵活大连接的有效解决方案，在同一物理网络基础上，为不同业务场景或大客户提供基于 FlexE 的网络切片，不同的网络切片内基于 SR 实现业务灵活部署。网络切片能让网络资源统一协同调度，实现基于业务链的按需服务。

2.2　任务目标

（1）理解 FlexE 技术原理；
（2）理解 SR 技术原理。

2.3　知识准备

1．5G 承载网的分层架构

如同 OSI（Open System Interconnection，开放系统互连）模型一样，5G 承载网也有自己的分层架构，不同的层级对应不同的功能，如图 2.1 所示。

中国移动、中国电信、中国联通分别选择了 SPN、M-OTN、IPRAN 2.0 作为 5G 承载网的演进方向，3 种方案关键技术对应的层级如表 2.1 所示。

图 2.1　5G 承载网的分层结构

表 2.1　三大运营商演进方案的各层级技术对比

层次	SPN	M-OTN	IPRAN 2.0
业务适配层	CBR、L2VPN 和 L3VPN	CBR、L2VPN 和 L3VPN	L2VPN 和 L3VPN
L2-L3 分组转发层	MPLS-TP、SR-TP/SR-BE	SR-TE/SR-BE/MPLS(-TP)	SR-TE/SR-BE/MPLS(-TP)
L1-TDM 通道层	切片通道层（SCL）	ODUk/ODUflex	—
L1 数据链路层	FlexE 或 GMTN	ITU-T OTUk 或 FlexO	FlexE 或 Ethernet
L0 WDM 光层	灰光或 WDM 彩光	灰光或 WDM 彩光	灰光或 WDM 彩光

1）L0 WDM 光层

L0 WDM 光层主要提供单通路高速光接口，还有多波长的光层传输、组网和调度能力。它采用光纤作为自己的物理传输媒介，包含灰光和 WDM 彩光两种技术，其中灰光就是单通道单波长技术，WDM 彩光就是多通道多波长技术。

2）L1 数据链路层

L1 数据链路层提供 L1 通道到光层的适配。中国移动和中国联通倾向于使用 FlexE 技术，中国电信倾向于使用 FlexO 技术。

FlexE 把多个物理端口进行"捆绑合并"，形成一个虚拟的逻辑通道，以支持更高的业务速率。通过端口捆绑和时隙交叉技术，能轻松实现业务带宽 25G→50G→100G→200G→400G→

9

xT 的逐步演进。

FlexO 与 FlexE 类似，通过绑定多个标准速率的物理端口，来支持更高速率的光信号。

3）L1-TDM 通道层

在 L1 层除传统数据链路层外，5G 承载网新增加了 TDM 通道层，服务于网络切片所需的硬管道隔离，提供低时延保证。中国移动采用 SCL 切片通道层，中国电信采用 ODUk/ODUFlex，中国联通暂未详细定义这一层。

4）L2-L3 分组转发层

L2-L3 分组转发层提供路由转发相关的能力，在该层 SR 技术将逐步取代传统的 MPLS 技术。SR 也称源路由，是一种新型的 MPLS 技术，具有"不管中间节点"的特点，灵活性更高，开销更少，效率更高。

SR 技术主要提供 SR-TP（SR Transport Profile）和 SR-BE（SR Best Effort）两种隧道扩展技术（SR-TE 太过复杂，应用较少）。SR-TP 隧道用于面向连接的、点到点业务承载，提供基于连接的端到端监控运维能力；SR-BE 隧道用于面向无连接的、Mesh 业务承载，提供任意拓扑业务连接并简化隧道规划和部署。

5）业务适配层

业务适配层提供多业务映射和适配支持，主要包括 CBR（Constant Bit Rate，恒定比特率）、L2VPN 和 L3VPN 这 3 种技术。CBR 是业务比特率恒定的电信业务。L2VPN 是工作在 L2 层的虚拟专用网络，能提供专线和专网业务。L3VPN 和 L2VPN 类似，也是虚拟专用网络，但工作在 L3 层，因此可以提供路由功能。

以上就是 5G 承载网各层级涉及的主要关键技术，下面我们选取 FlexE、SR 关键技术详细介绍。

2. 5G 承载网关键技术——FlexE 技术

1）FlexE 概述

扫一扫看以太网基础知识微课视频

FlexE 属于以太网的第三代技术，以太网的发展经历了以下 3 个阶段。

（1）第一阶段：1980 年，原生以太网（Native Ethernet），支持互联互通；广泛应用于园区、企业及数据中心互联，并延伸到 HPC、存储和垂直应用领域。

（2）第二阶段：2000 年，电信以太网（Carrier Ethernet），面向运营商网络应用，电信级的城域网、3G/4G/4.5G 承载网和专线接入服务；引入 IP/MPLS 技术，具备 QoS（Quality of Service，服务质量）保障、OAM、保护倒换和高性能时钟等电信级功能。

（3）第三阶段：2015 年，FlexE，面向 5G 网络中的云服务、网络切片，以及 AR/VR/超高清视频等时延敏感业务；接口技术创新，实现大端口演进，子速率承载，硬管道隔离；构建智能端到端链路，IP 低时延。

FlexE 作为以太网的第三代技术，将成为 5G 承载网发展的关键技术。2016 年 3 月，OIF（Optical Internetworking Forum，国际标准组织光互联网论坛）发布 FlexE 1.0 标准内容（OIF-FLEXE-01.0），定义了 100GE 的物理 PHY 通道和单个时隙的速率为 5Gb/s。后面陆续发布了 FlexE 1.1/2.0/2.1 标准内容，将限于链路的 FlexE 技术扩展为网络技术，丰富了 FlexE 技术的应用场景，更好地配合 5G 承载网要求，并对物理 PHY 通道和时隙类型进行了增加，进一步简化网络。

2）FlexE Shim 层

传统 IEEE 802.3 的 MAC（Medium Access Control，介质访问控制）层与 PHY 层速率一一对应，为了实现 MAC 层与 PHY 层的解耦合，需要增加一个功能层来完成时隙调度，实现多业务承载，这个功能层就是 FlexE Shim 层。

扫一扫看 FlexE Shim 层微课视频

FlexE 技术在 IEEE 802.3 的协议栈的 MAC 层和 PCS 子层之间增加一个 FlexE Shim 层，将业务逻辑层和物理层隔开。通过时隙调度的方式实现多个子速率业务；通过绑定多条 100GE PHY 来传输大流量的以太网业务，实现逻辑层面的大速率、子速率、通道化功能。绑定多条 100GE PHY 的技术也称反向复用，反向复用可以实现绑定多个低速服务层承载大速率业务的功能。

FlexE Shim 层融合了时隙和反向复用技术。严格来讲，FlexE Shim 层仍然位于 PHY 层的 PCS 子层之中，并非位于其上，所以能最大限度地重用以太网底层技术。PHY 分层如图 2.2 所示。

图 2.2　PHY 分层

如图 2.2 所示，在 100GE 以太网数据传递中，以太网数据报文（MAC）通过 RS 层连接 PHY，在 PHY 层经过 PCS、PMA、PMD 功能模块后发送出去。在 PCS 功能模块中，对业务流进行 64b/66b 编码，然后是扰码、lane 分配和 AM 信息块的插入。FlexE Shim 层由 64b/66b 编码、时隙排列、成员分发和开销插入 4 个部分组成，其中 FlexE Shim 层的 64b/66b 编码和 PCS 的 64b/66b 编码功能相同，可以代替后者。

此外，我们还定义了以下两个概念。

（1）FlexE Client：FlexE 网络的服务客户，基于 MAC 速率的以太网数据流，速率是 10GE、25GE、40GE、n×50GE，可扩展支持 n×5GE。

（2）FlcxE Group：FlexE 协议组，一个 FlexE Group 中通常包含多个成员（PHY 通道），如包含 1～n 个绑定的以太网 PHY，但目前只支持 100GE。

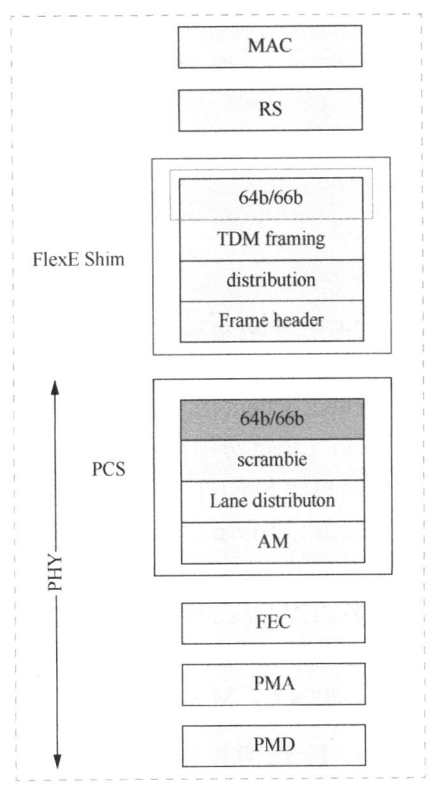

FlexE Shim 功能层实现 FlexE Client 和 FlexE Group 之间的映射/解映射功能，与 FlexE Group 一一对应。FlexE Client 通过 FlexE Shim 层承载，FlexE Shim 通过 FlexE Group 传送。FlexE Shim 层采用时分复用方式，通过多个绑定物理 PHY 通道来承载各种 IEEE 定义的以太网业务。

3）FlexE 时隙分配

在物理 PHY 为 100GE 时，FlexE Shim 中有 n×20 个时隙（n 是成员数量，每个成员有 20 个时隙），每个时隙代表 5Gb/s 的速率，以 66bit 的数据块作为基本传送单位。

扫一扫看 FlexE 时隙分配微课视频

在发送端，FlexE Shim 层将以太网报文进行 64b/66b 编码，进行速度适配，然后将业务通过时隙分配到不同的成员链路进行发送。

在接收端，通过调整接收到 66bit 数据块的速率，进而恢复出原始客户业务数据。

FlexE 使用 Calendar 机制完成 FlexE 客户和 PHY 端口之间的时隙分配，Master Calendar 将所有时隙分成 n 组，每组 20 个时隙，由每个 Sub Calendar 承载；每个 100GE 速率的 PHY 通道有 20 个时隙，每个时隙代表 5GE 的速率。

如图 2.3 所示，FlexE 协议定义每个物理成员 PHY（速率 100GE）上传递一个 Sub Calendar，按照 20 个 5GE 时隙来划分。

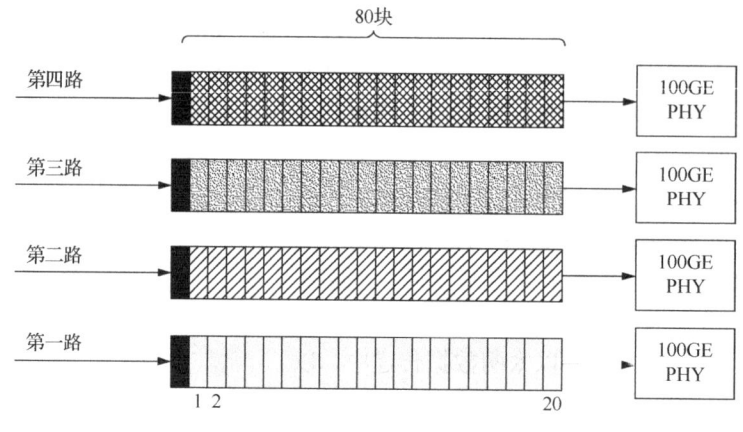

图 2.3　FlexE 时隙分配

FlexE Shim 层是一个 Master Calendar（由多个 Sub Calendar 组成），有 n×20 个 5GE 时隙（n 为捆绑组的总成员数）。

FlexE Client 的 64b/66b 按照时隙方式插入到 FlexE Shim 层，10GE/25GE/40GE/n×50GE 的 FlexE Client 分别在 Flex Shim 层占用 2 个/5 个/8 个/n×10 个 5GE 时隙。

单 PHY FlexE 传送，是将多个不同客户侧业务报文配置到 Master Calendar 的不同时隙中，该 Master Calendar 仅包含一个 100GE（20 时隙）PHY 的 Sub Calendar，该 FlexE Group 也仅包含一个 Master Calendar。

多 PHY FlexE 传送，首先将多个 PHY 绑定成一个逻辑管道 Master Calendar，然后将多个不同客户侧业务报文配置到 Master Calendar 的 n 个 Sub Calendar 中的不同时隙中。实际上，Master Calendar 一般绑定 4～8 个 100GE 的 PHY 通道。

4）FlexE 数据交叉

如图 2.4 所示，FlexE 数据交叉是指 FlexE Channel 在两个 FlexE Shim 之间，或者 Client 与 FlexE Shim 之间的交叉行为。

扫一扫看 FlexE 交叉微课视频

传统逐跳解析转发方式：转发前需要恢复出完整的以太网报文，根据路由信息转发到下一个节点，在二层（MAC 层）完成报文转发操作。

FlexE 物理层交叉方式：P 节点上客户业务在物理层（PCS 层）进行处理，而不是在二层（MAC 层）进行处理，不需要恢复出完整的报文格式；从 FlexE Shim 层恢复出的客户业务是 66bit 的数据块，直接交叉到另外一个 FlexE 物理端口；交叉颗粒度是一个 66bit 的数据块，交叉活动透明，在交叉过程中不改变传输管道中的任何客户业务数据。

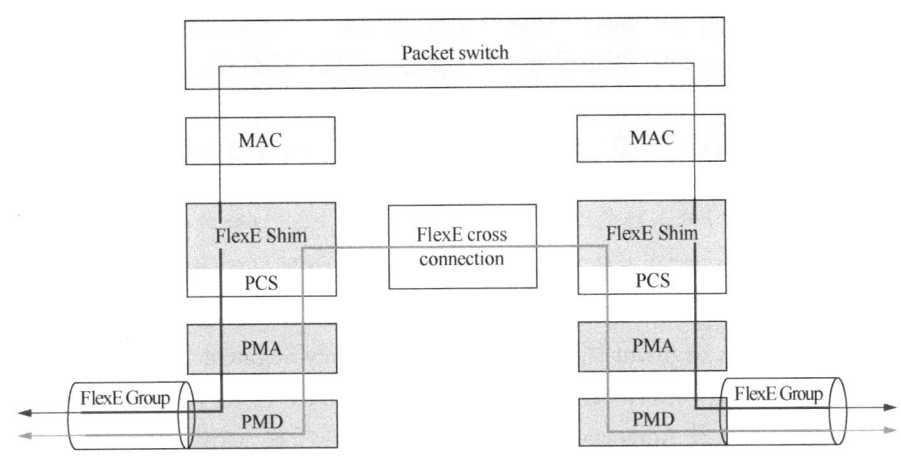

图 2.4　FlexE 数据交叉

3．5G 承载网关键技术——SR 技术

4G PTN 和 IPRAN 承载网采用 MPLS 技术。MPLS 建立路线时，调度中心要为每个站点规划路线，并把路线下发给所有站点。每个站点除了转发，还要维护规划的路线及路线状态，站点不堪重负，无法满足 5G 高速承载的需求。

扫一扫看 SR 技术特点微课视频

SR 是对现有 MPLS 技术的高效简化，同时复用 MPLS 已有的转发机制，能很好地兼容目前的 MPLS 和 IP 网络，并帮助现有 MPLS 网络向 SDN（Software Defined Network，软件定义网络）平滑地演进。

SR 由 IETF SPRING 工作组制定，同时其他工作组（如 OSPF、IS-IS、PCEP 等）也定义 SR 的功能扩展。

SR 技术是一种源路由技术，在头节点计算路径，并把整条路径以有序的 Segment 列表的方式封装进报文头中。中间节点只需要按照当前有效的 Segment 对报文进行转发处理，而无须维护这条路径的状态信息。

SR 技术在入口设备上增加 SR 报头，携带 Segment 信息，中间节点基于 Segment 进行寻路和转发，出口设备剥离 SR 报头。Segment 信息是一系列节点或链路标识，用于表述报文必须经过的节点和链路信息。通过 Segment 信息可以实现基于业务类型、基于拓扑或其他任何需求的流量规划，如强制报文经过节点、链路或业务网关等。

1）SR 基本概念

（1）Segment：本质上是指令，Segment list 是指令的合集。

（2）SR 域（Segment Routing Domain）：SR 节点的集合。

（3）SID：即 Segment ID，用来标识唯一的段，在转发层面，可以映射为 MPLS 标签。

（4）SRGB（Segment Routing Global Block）：用户指定的为 Segment Routing 预留的本地标签集合。建议在一个 SR 域内的所有节点使用相同的 SRGB，便于管理和定位故障。在入口压栈 SR Header，在出口出栈 SR Header，节点无须维护任何状态。

（5）Prefix Segment（前缀段）：手工配置，用于标识网络中的某个目的地址前缀（Prefix）。通过 IGP（Interior Gateway Protocol，内部网关协议）扩散到其他网元，全局可见，全局有效。Prefix Segment 通过 Prefix Segment ID（SID）标识，Prefix SID 是源端发布的 SRGB 范围内的

偏移值，接收端会根据自己的 SRGB 计算实际标签值用于生成 MPLS 转发表项。

（6）Adjacency Segment（邻接段）：源节点通过协议动态分配，也可以手工配置，用于标识网络中的某个邻接。通过 IGP 扩散到其他网元，全局可见，本地有效。Adjacency Segment 通过 Adjacency Segment ID（SID）标识，Adjacency SID（简写为 Adj SID）为 SRGB 范围外的本地 SID。

（7）Node Segment（节点段）：手工配置，Node Segment 是特殊的 Prefix Segment，用于标识特定的节点（Node）。在节点的 loopback 接口下配置 IP 地址作为前缀，这个节点的 Prefix SID 实际就是 Node SID。

通俗地理解，Prefix Segment 代表目的地址，Adjacency Segment 代表数据包的外发链路，分别类似于传统 IP 转发中的目的 IP 地址和转发端口。在 IGP 区域内，网元设备使用扩展 IGP 消息将自身的 Node SID 及 Adjacency SID 进行泛洪，这样任意一个网元都可以获得其他网元的信息。

通过按序组合前缀（节点）SID 和邻接 SID，可以构建出网络内的任何路径。SR 技术通过在 Ingress 节点上维护每个数据流的状态，就能强制一个数据流通过任意路径或服务链。其实现"源路由"的基本转发原理如下。

① 在 Ingress 节点上，给流量打上一组（也可能只有一个）有序的指令（称为 Segment）。

② 在中间节点上，能根据报文当前的 Active Segment 找到对应的 Segment 转发表，进行转发，同时根据 Segment 类型决定下一个 Active Segment。

对于每个 Segment，一个设备形成的转发表，应具备如下 3 个基本属性。

a．Segment（匹配报文的 Active Segment）。

b．下一跳（可以是 ECMP）。

c．操作类型，包括 PUSH、NEXT、CONTUNUE。

PUSH：打上一层 Segment。

NEXT：当前 Active Segment 已处理完成，设置新的 Active Segment。

CONTINUE：当前 Active Segment 尚未处理完成，继续保持 Active 状态。

SR 技术有如下几个优势。

（1）简化网络：在 IGP 域内，SR 对 IGP 进行了扩展，LDP（Label Distribution Protocol，标记分配协议）/RSVP（Resource Reservation Protocol，资源预留协议）不再需要运行。

（2）可扩展性：在其中间节点，不需要维护其转发信息，解决了大容量 TE 路径可扩展的问题，可以实现大规模的路径规划，满足 5G 网络的海量连接需求。

（3）SDN 2.0：因为路径信息只需要在头节点进行维护与计算，更适合 SDN 控制器进行路径计算与路径下发。

（4）负载均衡：与 SDN 结合，实现自动的流量工程，SR 使用 IGP，因此天然支持 ECMP（Equal-Cost Multi-Path，等价多路径）功能，达到网络流量负载均衡的效果。

2）SR 报文转发流程

我们先来看一下 SR 如何通过 IGP 消息发布自身的 Node SID 及 Adjacency SID。

如图 2.5 所示，节点 4 的 loopback 地址为 4.4.4.4/32，配置的 Node SID 为 104，IGP 协议发布 4.4.4.4/32 路由携带 Node SID 104，在每个

扫一扫看 SR 报文转发流程微课视频

节点用 SPF 算法计算 4.4.4.4/32 的路径，节点 1～节点 4 的路径如图 2.5 中的粗箭头所示。

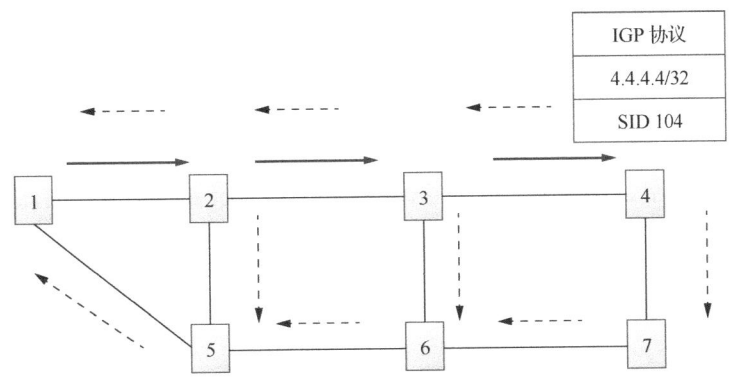

图 2.5　IGP 发布 SR 信息 Node SID

通过 IGP 扩散之后，整个 IGP 域的所有设备学习到节点 4 的 Node SID，之后都会使用 SPF 算法得出一条到节点 Z 的最短路径（Shortest Path），也即开销最小路径。

如果网络中存在等价路径，则可以实现负载分担（ECMP）；如果存在不等价路径，则可以形成链路备份。由此可见，基于 Prefix Segment 的转发路径并不是一条固定路径，头节点也无法控制报文的整条转发路径。

目的 IP 为 4.4.4.4（节点 4 的 loopback 地址）的报文到达节点 1，通过路由匹配走上最短路径，并打上 Node SID 104，节点 2 收到 Node SID，据此 SID 继续转发，并保持此 SID Active。节点 3 弹掉 104 继续转发。网络中任何节点都可以分配 Node SID，其他节点可以通过打上 Node SID 抵达所属节点。

如图 2.6 所示，节点为所有的 IGP 出向邻接分配 Adj SID，如节点 3 为链路 3→6 自动分配 9001，节点 1 为链路 1→2 自动分配 9003。所有的节点都会为其邻接分配对应的 Adj SID。IGP 发布链路状态信息，携带对应的 Adj SID。在节点 1 的一个 SR 隧道，假设其路径全部手工严格指定，依次是 1→2→3→6→7，那么，其形成的 SID 列表为{9003,9002,9001,9004}。

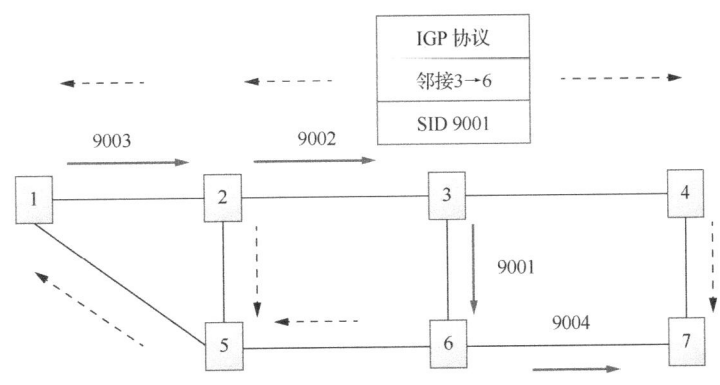

图 2.6　IGP 发布 SR 信息 Adj SID

通过给网络中每个邻接分配一个 Adjacency Segment，然后在头节点定义一个包含多个 Adjacency Segment 的 Segment List，就可以严格指定任意一条显式路径（Strict Explicit）。这种方式可以更好地配合实现 SDN。

Node SID 和 Adj SID 各自存在优缺点，Node SID 属于全局 Segment，只需要打一层 Segment 即可到达目的地，但中间转发路径只能遵照 IGP 或 BGP（Border Gateway Protocol，边界网关协议）的路由选择算法来确定，不能按需指定。Adj SID 属于局部 Segment，可以随意指定并叠加，形成任何需要的转发路径，但是需要打 n 层 Segment，而报文头部过长会影响转发效率。

因此结合实际应用，可以选择使用全局和局部 Segment 结合转发，如此既可指定进行某些特定节点的转发，又能控制标签栈的深度，如图 2.7 所示。

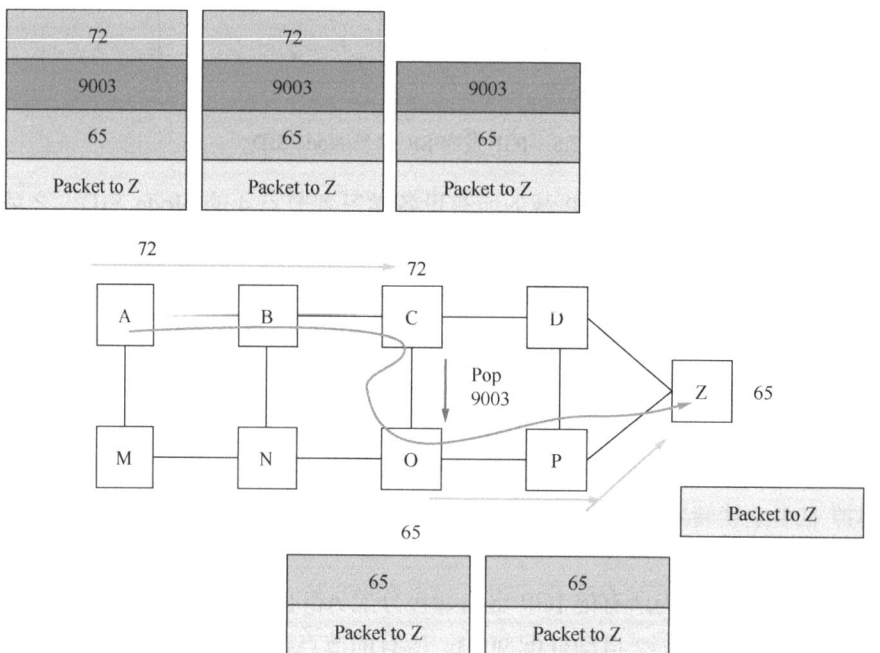

图 2.7 全局和局部 Segment 结合转发

{72,9003,65}描述了一条 A→B→C→O→P→Z 的转发路径。先通过节点 C 的 Node SID 72 到达节点 C，然后通过 Adjacency SID 指定报文通过链路 C→O 到达节点 O，最后使用节点 Z 的 Node SID 转发到达节点 Z。这样报文长度得到了控制，并且可以指定路径。

3）SR LSP

SR LSP（Link State Packet，链路状态分组）是指使用 SR 技术建立的标签转发路径，由一个 Prefix 或 Node Segment 指导数据包转发。SR-BE 是指 IGP 使用最短路径算法计算得到的最优 SR LSP。SR LSP 创建需要完成以下动作。

（1）网络拓扑上报（仅在基于控制器创建 LSP 时需要）/标签分配。

（2）路径计算。

SR LSP 主要基于前缀标签创建。目的节点通过 IGP 发布 Prefix SID，转发器解析 Prefix SID，并根据自己的 SRGB 计算标签值。此后各节点使用 IGP 收集的拓扑信息，根据最短路径算法计算标签转发路径，并将计算的下一跳及出标签（OuterLabel）信息下发转发表，指导数据报文转发。

SR 的标签操作类型和 MPLS 相同,包括标签栈压入(Push)、标签栈交换(Swap)和标签弹出(Pop)。

(1)Push:当报文进入 SR LSP 时,入节点设备在报文二层首部和 IP 首部之间插入一个标签;或者根据需要,在报文标签栈的栈顶增加一个新的标签。

(2)Swap:当报文在 SR 域内转发时,根据标签转发表,用下一跳分配的标签,替换 SR 报文的栈顶标签。

(3)Pop:当报文在离开 SR 域时,根据栈顶的标签查找转发出接口之后,将 SR 报文的栈顶的标签剥掉。

如图 2.8 所示,在 IGP 域内可形成 fullmesh 的 SR-BE 隧道。域内的 SR-BE 都只有一层标签,SR-BE 不带任何约束条件,完全按照 IGP SFP 路径转发,而 IGP 选路原则是不考虑带宽约束条件的。因此 SR-BE 隧道不能保证 TE 能力。跨域的 SR-BE 隧道由控制器计算,仅包含 ABR 节点的 Node SID 或 Anycast SID。

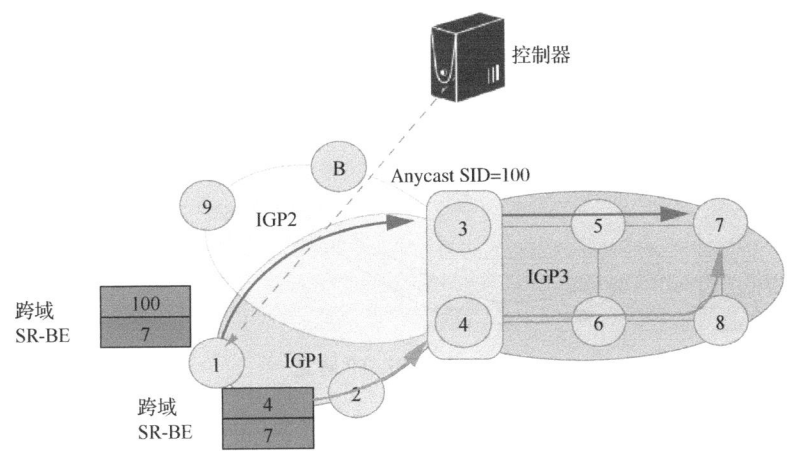

图 2.8　SR-BE 隧道

如图 2.9 所示,SR-TE 是由控制器创建带约束条件的 SR 路径,其中包含严格约束和松散约束两种 SR-TE。

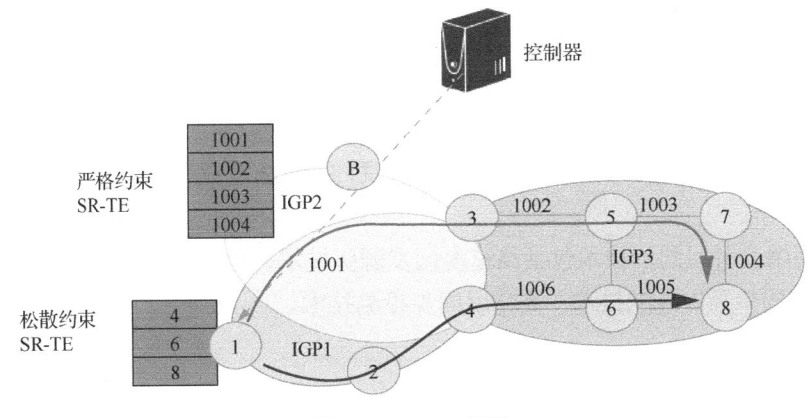

图 2.9　SR-TE 隧道

（1）严格约束一般采用 Adj SID 标签逐跳约束，完全屏蔽 IGP 的选路原则，不允许局部保护。控制器需要为工作路径和保护路径都预留带宽。

（2）松散约束一般采用 Node SID 或 Node SID+Adj SID 组合的方式约束，部分跨段允许局部保护。

不论是 SR-BE 还是 SR-TE，与现有的 MPLS-TP LSP 相比还是有较大的差异，主要表现在以下几个方面。

（1）SR 是单向隧道，而 MPLS-TP LSP 是双向隧道。

（2）SR OAM 基于 BFD，且反向路径是 native IP 转发，功能也不完整，而 MPLS-TP 有一整套完整和成熟的 OAM 体系。

（3）SR 是单向倒换，而 MPLS-TP 隧道可以通过 APS 实现双向倒换。

所以我们在 SR-BE 和 SR-TE 两种隧道的基础上提出了 SR-TP 隧道，实现双向、复用 MPLS-TP 的 OAM 体系，以及实现 50ms 保护性能的双向保护。具体实现方式如图 2.10 所示。

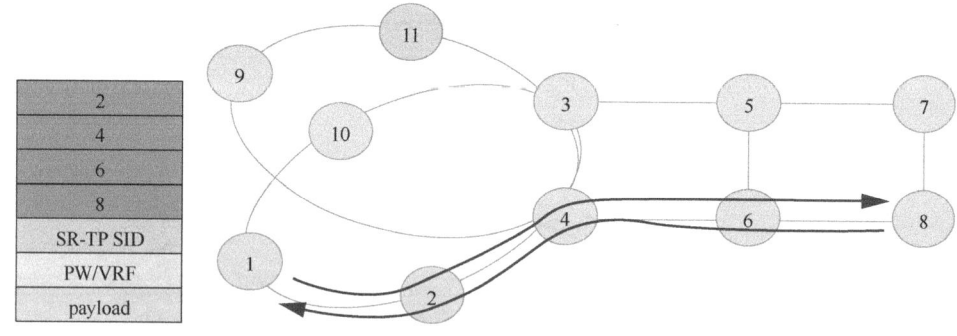

图 2.10　SR-TP 隧道

通过增加一层标签代表 SR-TP 双向隧道，其在 SR tunnel 的内层，可实现将两个单向 SR-TE path 绑定成一个双向隧道。

SR-TP SID 由控制器自动生成。控制器自动为 Segment List 分配一个 SR-TP 标签，并下发到头尾节点。SR-TP 标签为本地标签，保证节点唯一即可。

4．5G 承载网的其他关键技术

（1）SDN 是一种加强型的集权管理模式。SDN 把网络的控制和流量转发进行拆分，上层 SDN 控制器专门进行控制，下层节点只进行转发。SDN 与 SR 技术完美结合，使 5G 承载网足够灵活，可以更好地实现切片。

（2）网络切片技术支持网络资源统一协同调度，实现基于业务链的按需服务。

（3）超高精度时间同步技术包括高精度同步源头技术、高精度同步传输技术、高精度同步局内分配技术、高精度同步检测技术。

2.4　任务实施

任务实施记录单

班级_____学号_____姓名_____

在任务 1 绘制的 5G 承载网拓扑图上根据不同运营商标明使用的关键技术,并描述不同的关键技术可以解决 5G 承载网对应的哪些挑战。

项目1 5G承载网认知

任务3 估算5G承载网的带宽

扫一扫看5G承载网带宽估算教学课件

3.1 任务描述

5G承载网不仅大幅增加带宽,还需要根据业务需求及时调度分配带宽资源。本任务介绍4G和5G承载网带宽的估算。

3.2 任务目标

(1)会计算4G承载网带宽;
(2)会计算5G承载网带宽。

3.3 知识准备

1. 网络模型与计算方法

核心调度层:根据地市规模部署,调度层下挂骨干汇聚点,每个核心调度层设备,下挂2~4个骨干汇聚点。

每个骨干汇聚点下挂6个汇聚环;骨干汇聚点上行方向带宽=汇聚环带宽×汇聚环数×收敛比。

每个汇聚环有6个普通汇聚节点。

每对汇聚点下挂4个接入环;汇聚环带宽=接入环带宽×3×4×收敛比。

热点区域:接入环4个节点,平均每个接入节点接入2个5G基站。

一般区域:接入环8个节点,每个节点接入1个5G基站。

接入环带宽=单站均值×(N-1)+单站峰值(高频场景下计算高频站峰值)。

2. 4G承载网的带宽估算

1)网络模型1

每基站带宽80Mb/s,核心、汇聚、接入按照8:6:4收敛;大城市按照4000个基站,中小城市按照2000个基站。

扫一扫看4G承载网带宽估算 网络模型1微课视频

带宽分析如下。

(1)接入层:接入环6个节点,考虑2G/3G流量(8+14)Mb/s,大客户预留100Mb/s,同时满足一个LTE基站峰值,接入环带宽为6×(80+8+14)+240+100=952Mb/s。

(2)汇聚层:汇聚环6个节点,每个节点带6个接入环。汇聚环带宽为6×6×6×80×(6/8)/1000=12.96Gb/s,需要根据现网情况为2G/3G/大客户预留。

(3)核心层:大城市为4000×80×(4/8)/1000=160Gb/s;中小城市为2000×80×(4/8)/1000=80Gb/s。

2）网络模型 2

每基站带宽 240Mb/s，核心、汇聚、接入按照 8：6：4 收敛；大城市按照 10000 个基站，中小城市按照 6000 个基站。

带宽分析如下。

（1）接入层：接入环 6 个节点，考虑 2G/3G 流量（8+14）Mb/s，大客户预留 100Mb/s，接入环带宽为 6×(240+8+14)+100=1672Mb/s。

（2）汇聚层：汇聚环 6 个节点，每个节点带 6 个接入环。汇聚环带宽：6×6×6×240×(6/8)/1000=38.88Gb/s。

（3）核心层：大城市为 10000×240×(4/8)/1000=1200Gb/s；中小城市为 6000×240×(4/8)/1000=720Gb/s。

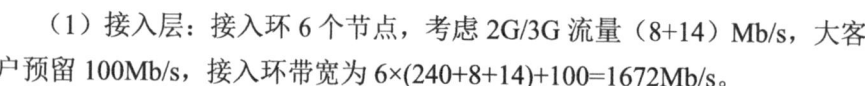

扫一扫看 4G 承载网带宽估算 网络模型 2 微课视频

3．5G 承载网的带宽估算

5G 单站带宽需求如表 3.1 所示。

扫一扫看 5G 承载网带宽估算微课视频

表 3.1　5G 单站带宽需求

参数	频段	
	5G 低频	5G 高频
频谱资源	3.4～3.5Gb/s，100MHz 频宽	28Gb/s 以上频谱，800MHz 带宽
基站配置	3 Cells，64T64R　　3 Cells，16T16R	3 Cells，4T4R
小区峰值	6Gb/s　　　　　　　4Gb/s	8Gb/s
小区均值	1Gb/s　　　　　　　400Mb/s	2Gb/s
单站峰值	单站峰值=单小区峰值+均值×(N-1)	
	6Gb/s+(3-1)×1Gb/s=8Gb/s　　　4Gb/s+(3-1)×0.4Gb/s=4.8Gb/s	8Gb/s+(3-1)×2Gb/s=12Gb/s
单站均值	单站均值=单小区均值×N	
	1Gb/s×3=3Gb/s　　　　0.4Gb/s×3=1.2Gb/s	2Gb/s×3=6Gb/s

5G 基站峰值带宽相比 4G，有几十倍的提升，对现网设备（特别是接入层）带来巨大的挑战。5G 承载网初期接入、汇聚、核心的收敛比建议为 16：4：1，中后期的收敛比为 8：4：1。

3.4　任务实施

任务实施记录单

班级_____ 学号_____ 姓名_____

场景1:热点区域。

1个接入环4个节点,平均每节点带2个5G站(其中4个高频站,4个低频64T64R)。请分别计算接入环带宽、汇聚环带宽、骨干汇聚点上行带宽。

_____

_____

_____

_____

_____

_____

_____

场景2:一般区域。

1个接入环8个节点,每节点带1个低频站(8个低频站16T16R,1个站取峰值)。请分别计算接入环带宽、汇聚环带宽、骨干汇聚点上行带宽。

_____

_____

_____

_____

_____

_____

_____

习题 1

1. 5G 承载网在 L0～L3 层分别使用了哪些技术？
2. 5G 承载网前传网、中传网、回传网位置的差异？
3. 5G 承载网中，核心、汇聚、接入的收敛比是多少？

项目 2

5G 承载设备安装

在设备入网运行之前,先要对设备进行正确的安装,使设备能够满足使用的要求。设备安装包括各类硬件安装和各类线缆的布放。5G 承载设备安装的流程图如下所示。

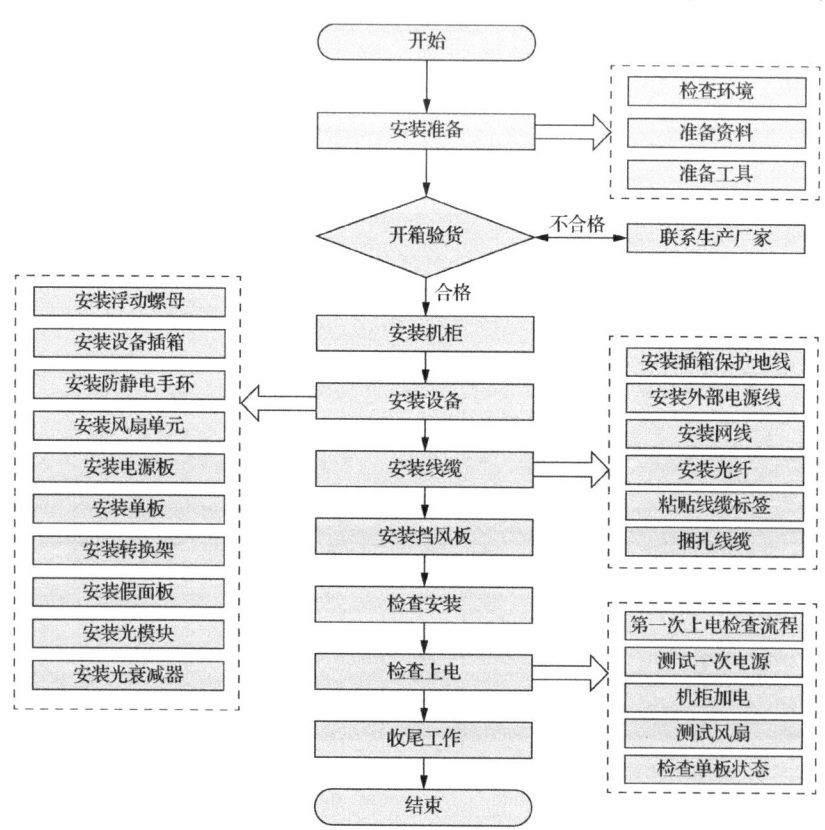

项目 2　5G 承载设备安装

学习完本项目的内容之后，我们应该能够：
（1）了解 5G 承载设备安装前的准备工作；
（2）掌握 5G 承载设备的安装规范；
（3）掌握 5G 承载设备的安装方法；
（4）掌握 5G 承载设备线缆的安装方法。

任务 4　认识 5G 承载设备

4.1　任务描述

通过本任务的学习，了解主流 5G 承载设备的硬件架构及软件架构，掌握单板的特性及根据需求配置合适的单板，能绘制出 5G 承载设备的机架板位图。

扫一扫看认识 5G 承载设备教学课件

4.2　任务目标

（1）掌握 5G 承载设备的硬件架构；
（2）了解 5G 承载设备的软件架构；
（3）了解 5G 承载设备的常用单板；
（4）绘制 5G 承载设备的机架板位图。

扫一扫看硬件架构微课视频

4.3　知识准备

本书选用中兴通讯研发的 ZXCTN 6700-12 和 ZXCTN 6180H 两款 5G 承载设备进行介绍。ZXCTN 6700-12 适用于多场景运行，定位于 5G 承载网中回传的汇聚层和核心层；ZXCTN 6180H 定位于 5G 承载网前传网及中回传的接入层。网管服务器选用中兴通讯研发的 U31 和 UME 网管系统。

1. 硬件架构

ZXCTN 6700-12 设备采用大容量的机架式结构，硬件系统由机箱、背板、风扇、电源模块、主控板、交换单元板和各种业务线卡组成。

子架通常安装在中兴通讯 ETSI 300mm 深后立柱机柜中，如图 4.1 所示。

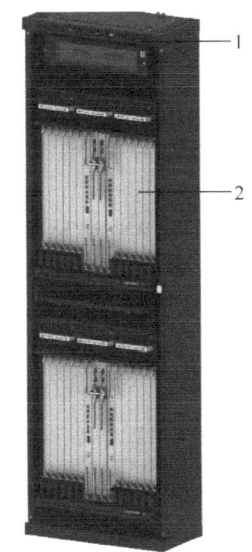

1—机柜；2—子架

图 4.1　在 ETSI 机柜中安装 ZXCTN 6700-12 设备

27

1)机柜结构

机柜结构如图 4.2 所示。

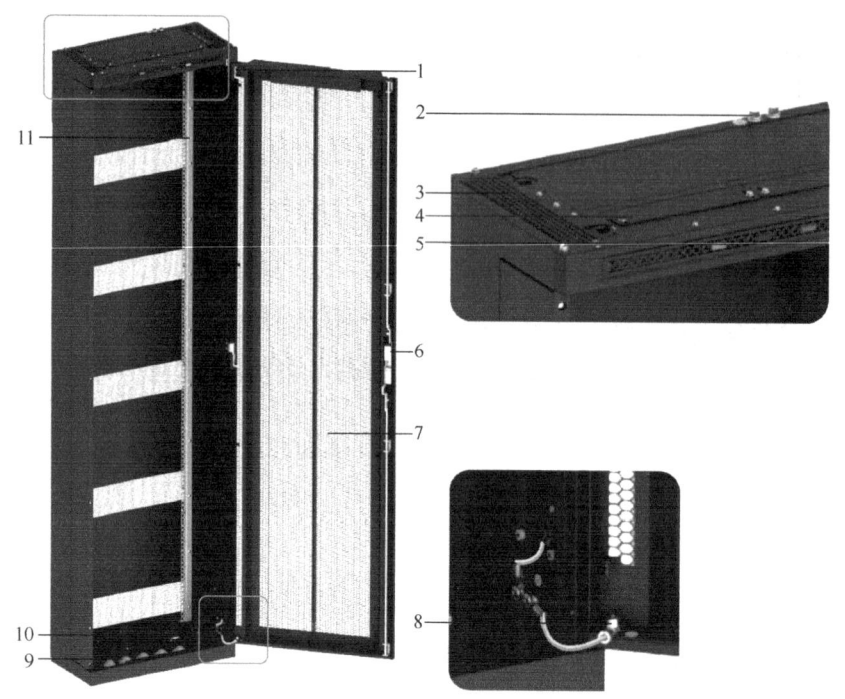

1—门轴；2—M8 接地螺栓；3—顶部出线孔挡片；4—顶部电源线出线孔盖板；5—机柜指示灯区；6—门锁；7—前门；
8—机柜保护地接线柱；9—底部电源出线孔；10—底部出线孔；11—后立柱

图 4.2 机柜结构图

2)机柜配置

ZXCTN 6700-12 采用的中兴通讯 ETSI 300mm 深后立柱机柜尺寸有两种，采用 2200×600×300（高×宽×深，mm）尺寸标准机柜时，机柜中可以安装 2 个子架插箱，当机柜中只安装一个子架时，子架应安装在机柜的底部。若采用 2000×600×300（高×宽×深，mm）机柜，则机柜可以配置一个插箱，建议安装在机柜中间靠下位置，便于进行维护操作。配置时，注意机柜底部必须至少预留 $3S$（$1S$=25mm）空间，以便于机柜安装和插箱散热。

机柜的具体配置如图 4.3 所示。

3)插箱

我们以 ZXCTN 6700-12 为例进行插箱的介绍。

ZXCTN 6700-12 单板插板方向：将单板防误插标识颜色与子架上单板防误插颜色相对应，再插入子架中。当半高板槽位插全高板时，一块全高板占用 2 个半高板槽位。ZXCTN 6700-12 设备插箱单板共有 21 个槽位，其中包括 12 个全高业务线卡槽位、2 个主控交换板槽位、2 个交换板槽位、2 个电源板槽位和 3 个风扇槽位。其结构如图 4.4 所示。

ZXCTN 6700-12 插箱结构的说明如表 4.1 所示。

项目 2 5G 承载设备安装

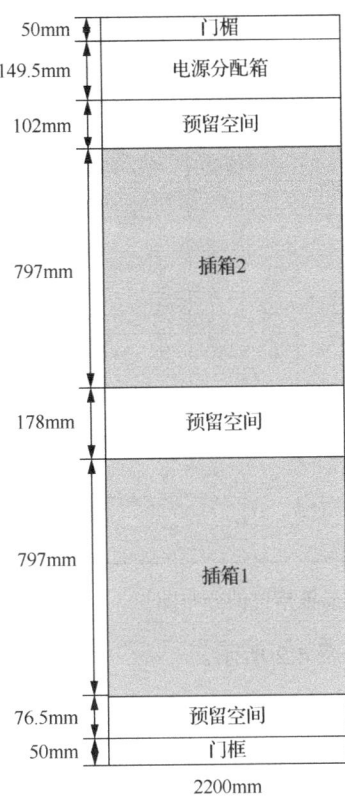
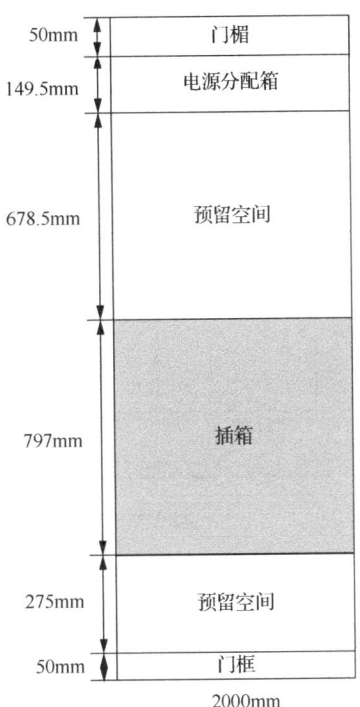

图 4.3 机柜的具体配置

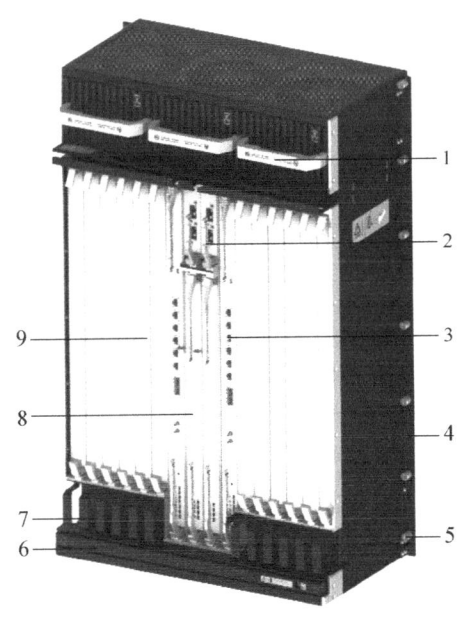

表 4.1 插箱结构的说明

序号	名称	说明
1	风扇	用于插箱散热
2	电源板	为整个插箱、单板提供电源
3	主控交换板	用于实现网元管理和时钟同步功能
4	安装支耳	用于在机柜内固定插箱
5	松不脱螺钉	用于在机柜内固定插箱
6	防尘插箱	用于防止灰尘进入插箱
7	走纤区	用于辅助线缆走线
8	交换板	用于实现 PTN 的交换调度
9	业务板插板区	用于安装业务板

1—风扇；2—电源板；3—主控交换板；4—安装支耳；
5—松不脱螺钉；6—防尘插箱；7—走纤区；
8—交换板；9—业务板插板区

图 4.4 ZXCTN 6700-12 插箱结构

ZXCTN 6700-12 插箱槽位的分布如图 4.5 所示。

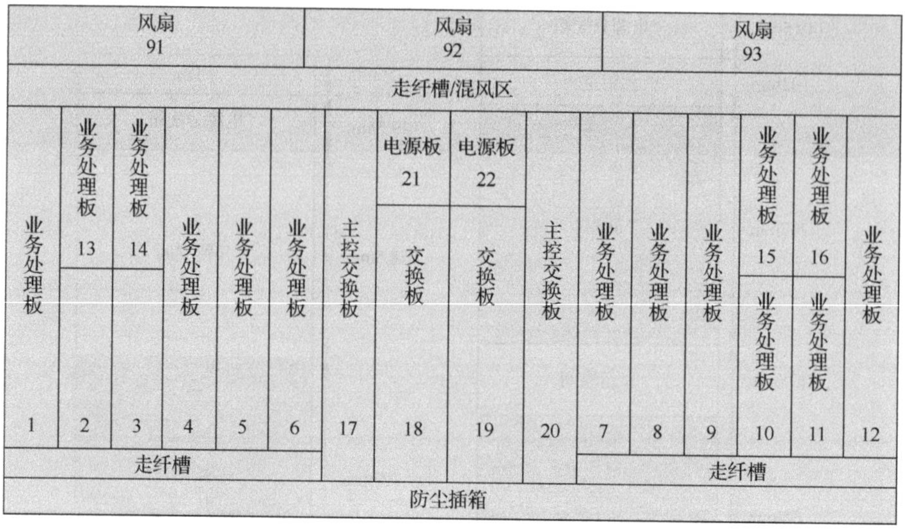

风扇 91						风扇 92				风扇 93			
走纤槽/混风区													
业务处理板	业务处理板 13	业务处理板 14	业务处理板	业务处理板	业务处理板	主控交换板	电源板 21 交换板	电源板 22 交换板	主控交换板	业务处理板	业务处理板	业务处理板 15 业务处理板 16 业务处理板	业务处理板
1	2	3	4	5	6	17	18	19	20	7	8	9 10 11	12
走纤槽										走纤槽			
防尘插箱													

图 4.5 ZXCTN 6700-12 插箱槽位的分布图

ZXCTN 6700-12 单板和槽位的对应关系，如表 4.2 所示。

表 4.2 ZXCTN 6700-12 单板和槽位的对应关系

单板类型	单板代号	指标（高×宽×深，mm）	对应槽位号
交换板	PSCT1	449.00×30.00×262.00	18、19
	PSCT3	449.00×30.00×262.00	18、19
主控交换板	NCPSAT1	592.00×30.00×262.00	17、20
	NCPSAT2	592.00×30.00×262.00	17、20
	NCPSAT3	592.00×30.00×262.00	17、20
电源板	PWRCT1	131.00×30.00×265.00	21、22
业务处理板	PDCAT1	521.75×31.50×265.84	1～12
	PDCA2T1	521.75×31.50×265.84	1～12
	PCGE4T1	521.75×31.50×265.84	1～12
	PCGE2T1	521.75×31.50×265.84	1～12
	PCGA2T1	521.75×31.50×265.84	1～12
	PCGB2T1	521.75×31.50×265.84	1～12
	PCGCT1	521.75×31.50×265.84	1～12
	PCGF2T1	521.75×31.50×265.84	1～12
	PCGF4T1	521.75×31.50×265.84	1～12
	PHCA4T1	521.75×31.50×265.84	1～12
	PHCA8T1	521.75×31.50×265.84	1～12
	PXGA24T1	521.75×31.50×265.84	1～12
	PXGA12T1	521.75×31.50×265.84	1～12
	PXGC12T1	521.75×31.50×265.84	1～12
	PGEA16T1	395.40×30.00×243.38	1～12
	PGEC24T1	521.75×31.50×265.84	1～12
	SC1A16T1	521.75×31.50×265.84	1～12
	SCHP4	521.75×31.50×265.84	1～12
	OMA	158.00×25.00×233.47	2、3、10、11、13～16
	SOBA	158.00×25.00×233.47	2、3、10、11、13～16

扫一扫看单板介绍微课视频 1

2. 单板介绍

1）单板运行环境要求

为了保证单板工作状态稳定，应使单板处于合适的环境中运行。ZXCTN 6700-12 单板的运行环境要求如表 4.3 所示。

表 4.3　单板的运行环境要求

项目		要求
环境温度	长期运行	-5～+50℃
相对湿度（无凝露）	长期运行	5%～85%（+30℃）
	短期运行	5%～95%（72 小时）

2）单板列表

ZXCTN 6700-12 单板列表如表 4.4 所示。

表 4.4　单板列表

单板类型	单板代号	单板名称
电源板	PWRCT1	C 型电源板
主控交换板	NCPSAT1	A 型主控交换板
	NCPSAT2	A 型主控交换板
	NCPSAT3	A 型主控交换板
交换板	PSCT1	C 型交换板
	PSCT3	C 型交换板
业务处理板	PDCAT1	A 型 200GE 板
	PDCA2T1	A 型 2 端口 200GE 板
	PCGE4T1	E 型 4 端口 100GE 板
	PCGE2T1	E 型 2 端口 100GE 板
	PCGA2T1	A 型 2 端口 100GE 板
	PCGB2T1	B 型 2 端口 100GE 板
	PCGCT1	C 型 1 端口 100GE 板
	PCGF2T1	F 型 2 端口 100GE 板
	PCGF4T1	F 型 4 端口 100GE 板
	PHCA4T1	A 型 4 端口 50GE 板
	PHCA8T1	A 型 8 端口 50GE 板
	PXGA24T1	A 型 24 端口 10GE 板
	PXGA12T1	A 型 12 端口 10GE 板
	PXGC12T1	C 型 12 端口 10GE 板
	PGEC24T1	C 型 24 端口 GE 板
	PGEA16T1	A 型 16 端口 GE 板
	SC1A16T1	STM-1 通道化板
	SCHP4	小颗粒处理板
	OMA	在线监测板
	SOBA	紧凑型光功率放大板

ZXCTN 6180H 单板命名和槽位列表如表 4.5 所示。

表 4.5　单板命名和槽位列表

单板代号	单板名称	可插槽位
SMNG	系统主控板 SMNG	3、4
OICG1A	1 端口 100GE 以太网光口板	1、2、5~10
OIHC1A	1 端口 50GE 以太网光口板	1、2、5~10
OIHC2A	2 端口 50GE 以太网光口板	1、2、5~10
OIHG2A	2 端口 25GE 以太网光口板	1、2、5~10
OIHG4A	4 端口 25GE 以太网光口板	1、2、5~10
OIXG2A	2 端口 10GE 光接口板	1、2、5~10
OIXG4A	4 端口 10GE 光接口板	1、2、5~10
OIXGXA	10 端口 10GE 光接口板	1、2、5~10
OIGE8A	8 端口千兆以太网光接口板	YH31：1、2、6、7、8、10 WX91：1、2、5~10 YH91：1、2、5~10
EIGE8A	8 端口千兆以太网电接口板	1、2、6、7、8、10
OIS4A	4 端口通道化 STM-1 光接口板	1、2、6、7、8、10
PW3DC	直流电源板	11、12
FAN	风扇板	13

3）单板间的关系

ZXCTN 6700-12 的交换板为 PSCT1 和 PSCT3，与业务板、主控交换板配合使用完成数据交换，实现板间通信。单板间的关系如图 4.6 所示。

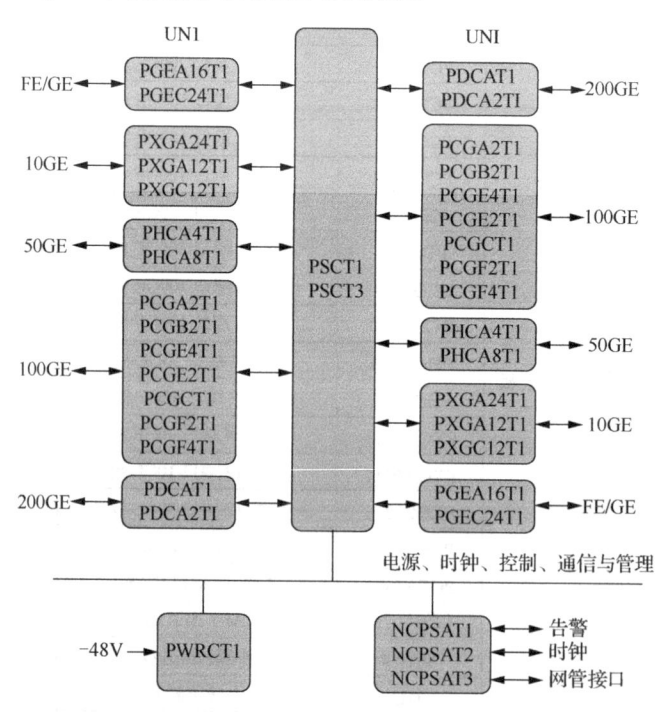

图 4.6　单板间的关系

4.4　任务实施

任务实施记录单

班级_____ 学号_____ 姓名_____

某地建设一个 5G 承载网,拓扑结构如图 4.7 所示。

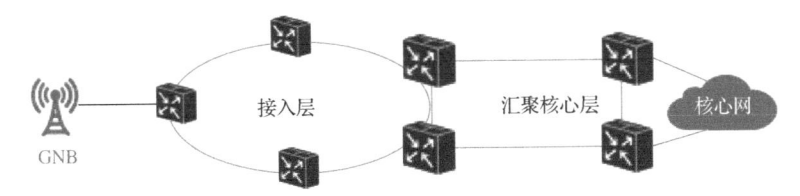

图 4.7 5G 承载网的拓扑结构

接入层使用 ZXCTN 6180H 设备,使用 50GE 光接口组网,要求具备 25GE 光接口接入能力;汇聚核心层使用 ZXCTN 6700-12 设备,使用 100GE 光接口组网。

根据组网图及业务规划,绘制设备机架板位图。

任务 5　开箱验货与设备清点

5.1　任务描述

设备到货后，需要进行开箱验货，确保运输途中设备没有损坏。然后进行设备清点，确保设备数量和种类没有错误。开箱验货和设备清点无误后，要与客户一起在《开箱验货报告》上签字确认。如果设备及板件有损坏或设备数量、种类有误，需要向发货方反馈进行问题确认，以补发货物。

5.2　任务目标

（1）掌握设备外包装（木箱）的开箱操作流程和方法；
（2）掌握验货的流程和方法。

5.3　知识准备

1．操作概述

1）名词解释

（1）开箱验货：合同货物到达施工现场后，由工程督导和客户共同对货物进行点验，并进行货物管理权的移交。

（2）工程督导：由技术服务部和市场部共同任命的负责某具体工程项目/客户群的工程师。

（3）供货方：主要指设备供货厂家，如中兴通讯、华为、锐捷等。

2）操作主要内容

（1）开箱验货的操作流程。
（2）货物摆放与管理方法。
（3）开箱验货工作汇报与过程文档输出要求。

3）开箱验货注意事项

通信设备是贵重的电子系统设备，在运输过程中有良好的包装及防水、防震动措施。在设备抵达地点后，要防止野蛮装卸，防止日晒雨淋。开箱前，必须确保相关方都在场方可开箱验收。开箱前，应按各包装箱上所附的货运清单点明总件数，检查包装箱是否完好。

（1）包装箱分类。

设备的包装一般有两类，即木箱和纸箱两种。木箱一般用于包装大型设备，纸箱一般用于包装小型设备、各种电路板、终端设备和辅助材料。包装设备所有的木箱和纸箱都标明了箱子的序号和箱子的总数。第一件包装箱中有《开箱验货报告》和《设备装箱清单》。

（2）检查各包装箱是否完好。

开箱之前，必须先检查各包装箱是否完好。如果包装箱有破损，检查包装箱的破损是否影响箱子中的设备/物件，必须详细记录破损情况，必要时拍照记录。

（3）有序开箱。

必须按照合理的顺序开箱验货，且堆放货物按照规划的方案进行。设备的全部部件清单和技术文件都放在第一件包装箱内，第一件包装箱中的文件对后续开箱具有指导作用，因此

应该首先开启第一件包装箱。

（4）动作合理，避免受伤。

开箱动作要合理，一方面要保证设备不损坏，另一方面要注意保护自己和合作伙伴，确保不受伤。

（5）使用工具得当。

不同的箱子需要使用不同的工具开启，不同的设备需要使用不同的工具搬运。必须选择合适的工具，才能开箱顺利，避免损坏设备。

（6）防静电。

要特别注意电路板的防静电要求，不要撕破电路板的防静电袋。

（7）数据完整。

各种箱子中的设备/物件种类繁多，一定要和装箱清单一一对照，确保不遗漏记录，也不多记录。

2．开箱验货的操作流程

（1）开箱验货在设备安装地点进行，工程督导和客户必须同时在场，若双方不同时在场，出现货物差错问题，由开箱方负责。

（2）工程督导与客户首先检查货物包装箱是否破损，防冲击、防翻倒等警示标签的状态是否异常，如果有问题必须立即停止开箱，向上级主管反馈情况，并与供货方管理人员联系，等候处理。

扫一扫看开箱验货与设备清点微课视频

（3）检查货物包装箱件数是否与发货总数相符，若不相符工程督导必须请客户现场确认，向上级主管反馈情况，并在3日内完成货物问题反馈流程。

（4）如上检查无异常后，再打开货物包装箱，与客户逐一点验货物，验货程序如下。

① 外观检查：机柜外观有无缺陷、是否牢固、有无松动或破损现象、标识字是否清晰，插箱板名条及装饰板等是否安装齐全并合乎使用要求。

② 齐套性检查：安装机柜所需的各部件和附件是否配套完整。

③ 计算机终端开箱检查：打开包装箱，检查显示器、键盘、鼠标是否齐全，有无损坏。

④ 电路板拆封：有些电路板是置于防静电保护袋中运输的，拆封时必须采取防静电保护措施，以免损坏设备。

（5）验货完毕，若没有缺货、错货、多发、货物破损等问题，工程督导必须和客户签署相关确认文件。工程督导返回驻地后，必须将确认文件（装箱单）提交技术服务部总监审核后交给运作支持部商务专员归档保存。

（6）若出现缺货、错货、多发、货物破损等问题，工程督导必须向上级主管反馈情况，并在3日内完成货物问题反馈流程。

3．货物摆放与管理方法

（1）货物摆放要整齐成排、重心稳定，一般的碰撞不会翻倒跌落，并预留人行及搬运通道，货物重量不能超过地板承重。

（2）货物摆放要注意小心轻放、箱体向上、限定堆码层数；重的、体积大的货物放在下面，轻的、体积小的货物放在上面，垂直堆放的层数不要超过4层。

（3）不能踩踏货物，不能把货物当垫座。

（4）电路板不允许无包装堆叠。

（5）同类型设备的货物摆放在一起，货物有标签的一面朝一个方向，方便施工时寻找。

（6）腾空部分纸箱用于保存设备附件，特别注意体积较小的附件，如螺钉、标签等，容易丢失又对安装进度影响比较大，需要专门分类保管。

（7）关注贵重物品的保管，如便携机、光盘软件、保修卡、license纸面件等，最好放置在摄像头可以拍摄的地方，并且经常去检查，有必要可暂时带离施工现场保管。

（8）开箱验货后产生的包装箱等废弃物，必须征求客户意见及时妥善处理。

4．开箱验货工作汇报与过程文档输出要求

开箱验货是硬件安装工作的前奏，开箱验货无问题，通常情况下紧接着就开始进行硬件安装。如果开箱验货发现问题，则硬件安装工作会受到影响，工程师必须对相关情况进行及时的汇报，并按要求输出相关过程文档。

（1）开箱验货异常情况必须及时汇报给客户、厂家和公司相关人员（技术服务部总监、市场部总监、客户经理和商务专员），并在相关的工程日报/周报、工作周报中进行描述说明。

（2）开箱验货阶段需要输出的工程过程文档有以下几个。

① 装箱单，无论开箱验货有无问题，都必须输出客户签字的装箱单，并妥善保存和归档。

②《货物问题反馈表》，在开箱验货发现问题后使用。

（3）短缺、损坏货物处理。

在开箱验货过程中，如果发现缺货、欠货、错货、多货或货物破损等情况，应查明原因。

① 对于需要补发货物的情况，工程督导填写《补发货申请单》，及时反馈给厂家当地办事处，以便进行相应处理。

② 填写补发货申请时，需要明确申请补发货的原因、发货的机型、发货的数量等。

5.4　任务实施

1．准备工作

工具准备：一字螺钉旋具、羊角锤、斜口钳、裁纸刀、防静电手套（或防静电手环）。

资料准备：向上级部门获取《开箱验货指导手册》；按《开箱验货指导手册》清点货物总件数，确认设备外包装完整。

2．设备转运

（1）设备到达现场后一般存放在库房中，需要通过叉车和人力将设备转运至安装地点。

（2）使用叉车对包装设备的木箱进行转运操作。在平地搬运时可采用手动叉车，在不同高度位置之间搬运时应采用电动叉车。操作电动叉车时，人员禁止站立在电动叉车的正前方；叉车应匀速地升降，避免骤起、骤停或骤落。

（3）转运前，确认机柜的外包装及机柜包装箱上的倾倒标签到达现场后无损坏、无异常。若有异常请拍照记录，并及时反馈。如图 5.1 所示，若机柜包装箱上的倾倒标签中灰色圆圈部分变红则表示异常。

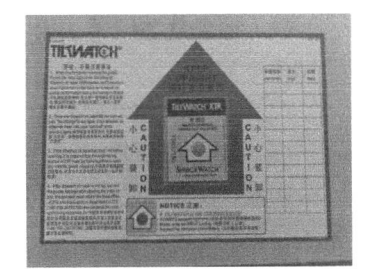

图 5.1　倾倒标签

（4）使用电动叉车卸货。

将电动叉车的货叉调节到木箱栈板空隙处的中间位置，将货叉从木箱侧面缓慢向前插入，避免擦伤木箱，如图5.2所示。

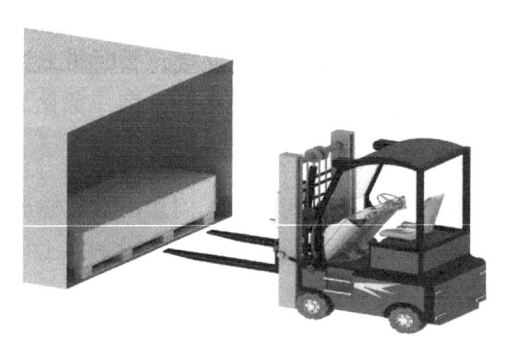

图5.2 叉车卸货

（5）将木箱置于货叉上搬运到指定位置。

放置在指定位置上的木箱，若空间不足，可使用叉车进行木箱堆放，木箱堆叠层数不可超过包装箱上印刷的堆码层数，如图5.3所示。

图5.3 货物堆放

（6）使用电动叉车或手动叉车在平地上将木箱搬运至适合拆卸外包装的规范位置。

3. 拆除木箱的外包装

（1）检查周围环境，确保已具备拆箱条件。在机房未装修好或户外安装条件不具备时，禁止拆除设备（如机柜、插箱和单板）包装箱，防止机房装修灰尘或户外灰尘等异物污染设备。

（2）按发货清单清点货物总件数，确认设备外包装完整。

（3）佩戴防护手套，将木箱搬运至适合拆除外包装的规范位置，木箱四周需预留120cm的操作空间。

（4）用一字螺钉旋具启开所有舌片，掀去上箱盖，去除四周的木板，如图5.4所示。

（5）取出包装箱中的部件清单、技术文件和设备需要安装的公共货物。

注意：在工程安装中，用于存放货物的包装箱有多个，为了便于区分，会给包装箱编号，如1号、2号、3号。

（6）竖起机柜，机柜的底部朝下。

（7）拆除机柜外面的泡沫包角和包装胶袋。

1——字螺钉旋具；2—舌片

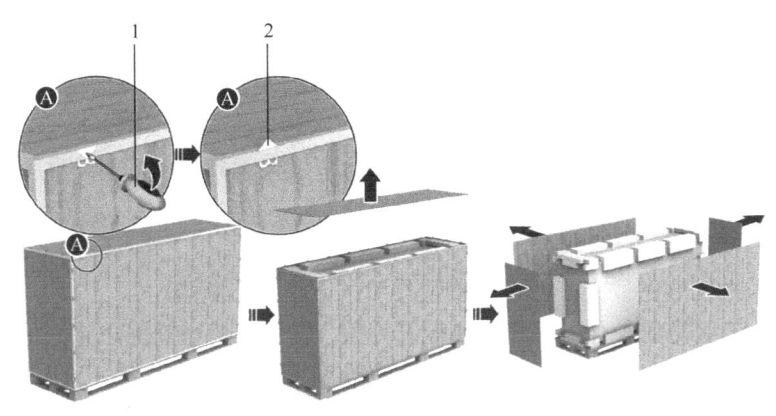

图 5.4　拆除木箱的外包装

4．拆除纸箱

纸箱一般用来包装电缆、各种电路板及终端设备。其中，电路板是置于防静电保护袋中运输的，拆封时必须采取防静电保护措施，以免损坏设备。同时，还必须注意环境温湿度的影响。防静电保护袋中一般有干燥剂，用于吸收袋内空气的水分，保持袋内的干燥。当设备从一个温度较低、较干燥的地方拿到温度较高、较潮湿的地方时，至少必须等 30min 以后再拆封。否则，会导致潮气凝聚在设备表面，损坏设备。

开箱的步骤如下。

（1）查看纸箱标签，了解箱内单板的类型、数量。

（2）用斜口钳剪断打包带。

（3）用裁纸刀沿箱盖盒缝处划开胶带，在用刀时注意不要插入过深，避免划伤内部物品。

（4）打开纸箱，取出泡沫板，取出设备或单板，并去掉套在设备外的塑胶袋。

（5）浏览单板盒标签，查看数量是否与纸箱标签上注明的数量相符，然后取出单板盒。

（6）对照装箱单，对箱内单板的类型、数量进行清点，当面签收。

纸箱包装如图 5.5 所示。

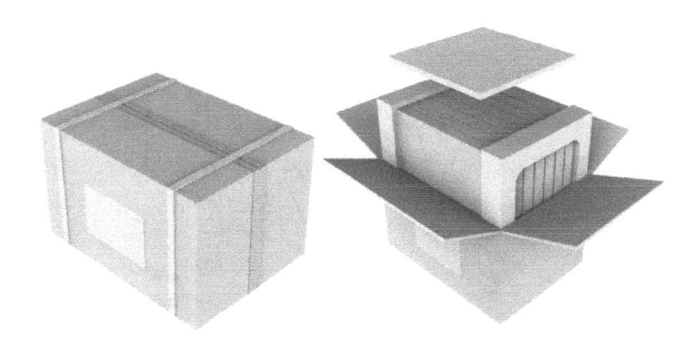

图 5.5　纸箱包装

（7）切忌纸箱内还有未取出的单板便将纸箱扔掉，这会给施工带来麻烦，所以最好每人负责一箱，下一箱开箱之前必须对本箱进行检查，在确认本单板盒内确实是空的以后再拆下一箱，避免失误。

5．检查外观

开箱验货检查是对设备的外观进行初步检查，目的是及时发现在运输过程造成的设备损坏，通知相关部门及时处理，减少损失，并保留向承运人索赔的依据。检查的项目如下。

（1）机架从木箱取出后直立于坚实水平地面上，机架无倾斜，机架外观无凹、凸、划痕、脱皮、起泡及污痕。

（2）各紧固螺钉无松动、脱落、错位等。

（3）机柜机框安装槽位完好，单板槽位导引条无缺损或断裂。

（4）机柜安装所需的各种配件和附件配套完整，安装槽位识别标志完好、清晰、无脱落。

（5）机架上汇流条、排气扇、安装部位无受伤或变形。

（6）机柜表面漆无脱落、划伤，附件齐套，部件无变形和损坏。

（7）保护单板的泡沫没有破裂，单板没有扭曲。

（8）如果出现问题，及时通知设备厂家进行更换。

6．人工搬运

（1）设备外包装箱拆除后，我们需要通过人工将设备及板件搬运至指定安装位置。

（2）准备劳保鞋和防护手套，防止人员在搬运重物时受到伤害。

（3）准备泡沫塑料、纸板等防护材料，用于对设备着力点和触碰点进行软隔离防护。

（4）穿戴劳保鞋和防护手套。

（5）使用重载型平板车将设备搬运至指定的安装位置，搬运过程中需保证机柜设备前门朝上。

（6）若条件限制只能依靠人工手动搬运，建议至少由6人一起搬运，机柜前后侧各1人，左右侧各2人。

（7）设备的挪动和临时停放都必须注意保护。例如，设备临时停放时，底部要垫纸箱等缓冲材料，避免与地面和周边物体直接擦、磕、碰。禁止拆掉包装后对设备采用车辆运输周转。

7．拆除单板的外包装

佩戴防静电手套（或防静电手环），拆除单板的外包装，如图5.6所示。

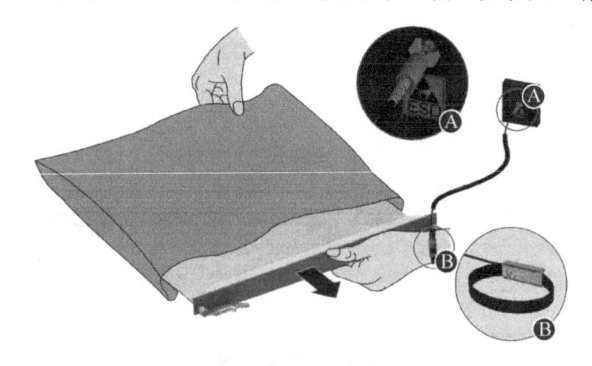

图5.6　拆除单板的外包装

注意：对于不会立刻安装的单板，放回原包装中并封口。

最后清点货物，检查货物，移交并存放货物。

任务实施记录单

班级_____学号_____姓名_____

根据《开箱验货指导手册》进行分组操作，需要进行场景模拟，每个人扮演不同的角色，每个角色需明确自身的身份及工程职责，若条件满足则可以使用真实木箱来进行操作，若条件不满足则可以使用其他类似物品进行模拟。要求完成相应的动作及输出对应的文档。

_____
_____
_____
_____
_____
_____
_____
_____
_____
_____
_____
_____
_____
_____
_____
_____
_____

任务6 安装设备

6.1 任务描述

正确地安装各类硬件设备,为设备入网运行打下基础。

6.2 任务目标

(1)了解设备安装前的注意事项;
(2)了解设备安装完成后的检查事项;
(3)掌握设备安装的步骤和注意事项。

6.3 知识准备

1. 环境准备

在工程开工前应根据设备的运行环境要求检查机房的安装环境,确保安装环境能够满足设备正常运行的环境要求。需要检查的项目如表6.1所示。

注意:在安装环境检查不通过的情况下,禁止进行后续的安装操作。

表6.1 环境准备需要检查的项目

检查项目	通过准则说明
机房的建筑条件	直通风室外柜应远离污染源,污染源区域指以下半径范围内的区域。 距离盐水(如海洋、盐湖)大于3.7km。 距离冶炼厂、煤矿、热电厂等重污染源大于3km。 距离化工、橡胶、电镀等中污染源大于2km。 距离食品厂、皮革厂、采暖锅炉等轻污染源大于1km。如果要在污染源地带使用室外柜,必须使用带热交换功能的密封柜,防止设备被腐蚀。 检查机房的面积、高度、承重、沟槽布置
冷通道封闭机房要求	设备在使用前应安装机柜,且冷通道封闭机房中需要增加导风组件
机柜要求	安装2U及以上高插箱时,必须配置安装托架
空间要求	设备在机柜中应有足够的安装空间。 室内横插箱需增加导风单元。 上下通风插箱应有足够的通风空间
走线要求	机柜内有足够的走线空间,且走线尽可能远离设备进出风口,不影响设备进出风
安装要求	同一个机柜内,尽可能安装风道一致的设备,严禁进、出风口相反的横插箱设备安装在同一机柜内。 设备禁止背靠背安装,避免设备热风被另一面设备吸入,影响散热
环境要求	潮湿地区及离海边3.7km以内的设备需要使用铝制热交换器室外柜或空调室外柜。 室外柜环境温度应不超过室外柜工作环境的指标。 室外柜应位于四面通风良好的地方,周围干净无杂物,不靠近沙漠,不靠近公路铁路,不在山洪河溪可能冲击的地带。 室外柜尽可能配置遮阳棚。 室外柜应远离变压器、变电所、高压传输电线和大电流设备,如20m范围内无交流变压器,50m范围内无高压传输线。 为避免噪声对居民的影响,室外柜应远离居民住房。 设备进风口温度要求高于设备的最低工作温度,低于设备的最高工作温度

续表

检查项目	通过准则说明
散热要求	设备在室外使用时不建议安装在直通风柜中，建议安装在热交换柜中，且热交换柜的内外循环风扇必须正常运行。否则会导致设备温度升高而出现故障。当设备安装在直通风柜中时，直通风柜需有防尘和防腐蚀功能。室内机柜门开孔率应不小于60%
防雷要求	室外柜需安装在避雷针保护范围之内，即避雷针向下45°角范围内。室外柜的电源输入需连接有电源防雷单元，如果设备连接有室外走线的数据接口等电接口信号线缆，室外柜内需串接信号防雷单元
功耗要求	室外柜内设备的总功耗应小于室外柜的散热功率额定值，以保证柜内设备的环境温度不超过其工作温度范围

2. 资料准备

设备安装前，需要准备的技术资料如表6.2所示。

表6.2 需要准备的技术资料

需要准备的技术资料	描述
工程前期资料	工程订货合同（副本）、工程设计资料
工程开通资料	ZXCTN 6700-12 设备工程开通工作规程文档
硬件随机资料	随 ZXCTN 6700-12 设备发货的成套手册
工程资料	设备工程资料，如《开箱验货指导手册》《环境验收报告》《硬件安装质量标准》

3. 工具准备

施工前需要准备的工具、仪表如表6.3所示。

注意：工具和仪表以当地实际采购的标准工具为准，表中的图片仅用作示意。所有仪表必须经过严格校验，证明合格后方能使用。

表6.3 施工前需要准备的工具、仪表

实物图	名称	用途
	十字螺钉旋具	紧固十字型螺钉
	一字螺钉旋具	紧固一字型螺钉
	活动扳手	紧固螺栓
	力矩扳手	紧固螺栓
	拔片器	插拔芯片
	浮动螺母工具	安装浮动螺母
	卷尺	测量长度

续表

实物图	名称	用途
	光纤跳线	连接光缆终端盒和设备
	水平尺	检查可调底座和机柜的水平度
	铅锤仪	检查机柜的垂直偏差
	记号笔	标记地面钻孔的位置
	镊子	夹持导线、元件及集成电路引脚
	羊角锤	安装套筒型锚栓、打开木箱
	冲击钻	钻孔
	吸尘器	清洁安装孔和地面
	斜口钳	修剪线扣、剪断纸箱的打包带
	裁纸刀	划开纸箱包装的胶带
	防静电手环	使操作工人接地，充分保护静电敏感装置和印制电路板
	万用表	测量机柜的绝缘、电缆的通断、设备的电性能指标，如电压、电流和电阻
	尖嘴钳	剪切线径较细的线缆、弯圈单股导线接头、剥塑料绝缘层及夹取小零件

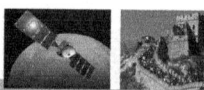

续表

实物图	名称	用途
	水晶头压线钳	压接网线的水晶头
	同轴电缆压线钳	加工同轴线缆时压接尾部的金属护套
	剥线钳	剥离线缆的外皮
	钻头	安装在冲击钻上
	内六角扳手（5号）	安装DCPD10电源线缆
	液压钳	压接OT端子、JG端子
	电工刀	剖削电线绝缘层
	防静电手套	安装作业时佩戴
	橡胶锤	安装膨胀螺栓
	扎带	捆扎电源线、保护地线和信号线
	尼龙粘扣带	绑扎线缆
	样冲	在水泥地面上凿凹坑
	梯子	高空作业时使用

6.4 任务实施

1. 安装浮动螺母

1）准备工作

（1）已获取浮动螺母的安装位置。
（2）已准备一字螺钉旋具、记号笔。

2）安装步骤

（1）确定浮动螺母在机柜上的安装位置，使用记号笔做标记。
（2）使用螺钉旋具，在标记处安装浮动螺母，如图 6.1 所示。

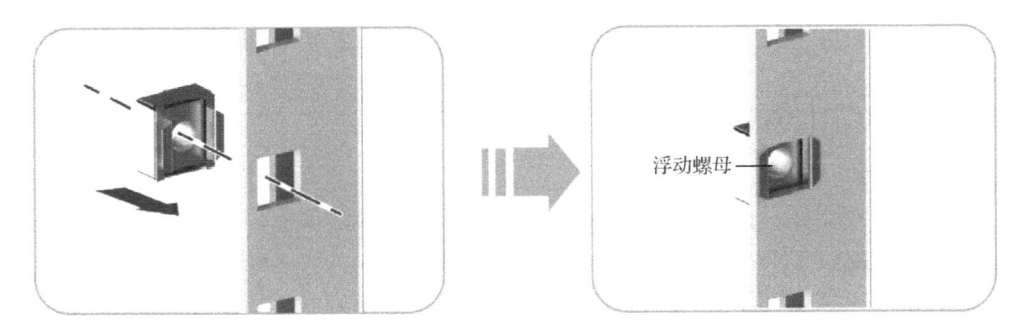

图 6.1　安装浮动螺母

说明：子架通过支耳固定在机柜中。出厂时固定支耳的位置上已安装浮动螺母，如果没有安装，则参见图 6.1 安装浮动螺母。

2. 安装电源分配箱

1）准备工作

通常电源分配箱已安装在 ZXCTN 6700-12 机柜中，不需要重新安装。只有在维修时，才需要对电源分配箱进行安装或拆卸的操作。

（1）电源分配箱已经达到现场。
（2）现场机柜已经按照设计要求完成安装。

2）安装步骤

电源分配箱的安装操作与设备插箱类似，从机柜前往后安装。电源分配箱应安装于机柜的最上方。

（1）将电源分配箱放到机柜内最上面的安装托架上。
（2）将电源分配箱完全推入机柜。
（3）拧紧安装支耳上的松不脱螺钉，使电源分配箱与机柜可靠固定。电源分配箱的安装操作如图 6.2 所示。

1—浮动螺母；2—安装托架；3—松不脱螺钉

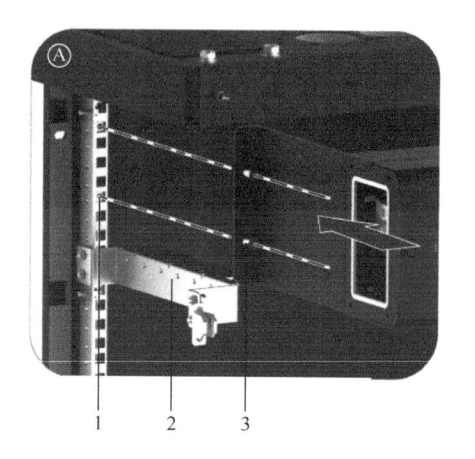

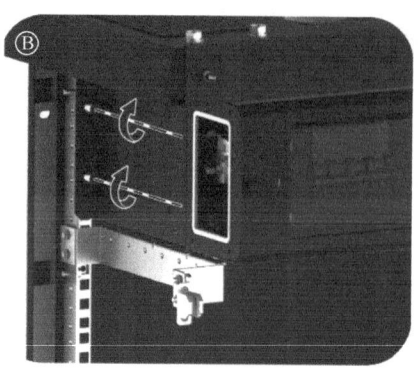

图 6.2　电源分配箱

3. 安装 ZXCTN 6700-12 子架

1）准备工作

（1）子架外观完好、无变形，没有磕碰损伤、划伤、掉漆现象。

（2）已获取 ZXCTN 6700-12 子架在机柜中的安装位置。

（3）已准备十字螺钉旋具、防静电手套（或防静电手环）。

2）安装步骤

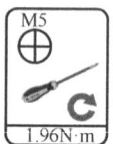

安装 ZXCTN 6700-12 子架至 300mm 深机柜，如图 6.3 所示。

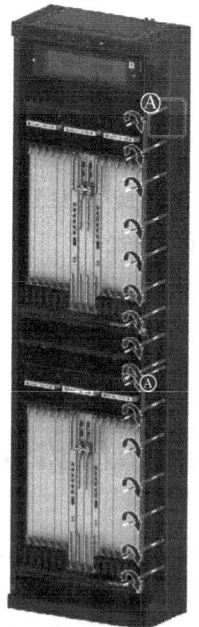

图 6.3　安装 ZXCTN 6700-12 子架

3）注意事项

（1）以安装 2 个子架为例，将子架放在托轨上推入机柜，将侧耳用螺钉固定在机柜的浮动螺母上。子架推入时应保证平直、顺畅，如有滞涩应检查机柜或子架有无变形，不可用蛮力，以免损伤设备。

（2）室内放置机柜时，应保证机柜左右两侧至少预留 300mm 空间，前方预留 1000mm 过道空间。

（3）ZXCTN 6700-12 设备安装于 300mm 深机柜时，采用后安装方式。

4．安装 ZXCTN 6180H 子架

1）台式安装

将 ZXCTN 6180H 子架平缓放置于安装台面。

确认 ZXCTN 6180H 子架已处于水平位置，安装完成，如图 6.4 所示。

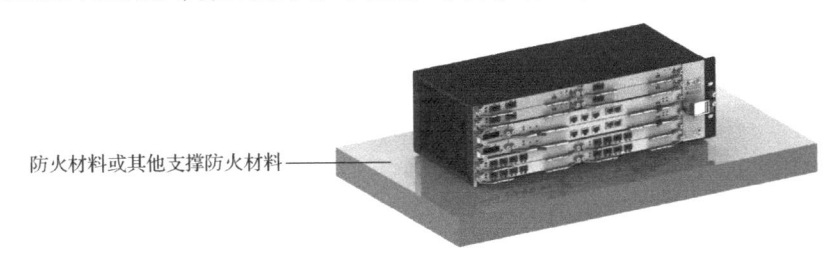

图 6.4　ZXCTN 6180H 水平安装

注意：

① ZXCTN 6180H 设备不可堆叠放置。

② 设备左右两侧与其他设备的距离不小于 400mm。

2）壁挂式安装

（1）安装要求。

① 水平壁挂式安装时，ZXCTN 6180H 设备四周（除壁挂面外），至少预留 200mm 的空间。

② 壁挂支架安装在墙壁后，与机房房顶应留有足够的空间。如果机房布线采用上走线方式，则上走线架与壁挂支架顶部之间的距离应不小于 200mm。

③ 壁挂支架的安装应端正牢固，水平、垂直偏差不应大于设备高度的千分之五。

④ 在抗震要求较高的机房内，设备应进行抗震加固。

说明：严禁自行在壁挂支架上钻孔，不符合要求的钻孔会损坏壁挂支架的支撑结构。

（2）安装壁挂支架。

壁挂式安装设备时，为了给子架提供物理支撑与固定，需要安装壁挂支架。已确定机房内的安装位置，并有足够的安装空间。

安装步骤如下。

① 用钻头直径为 12mm 的电钻在竖直墙壁上水平打 4 个孔，孔深 65mm。这 4 个孔构成一个矩形，该矩形长 465mm、宽 120mm。

② 用木柄铁锤将膨胀螺栓敲入孔中，顺时针方向旋紧，使膨胀管固定在墙体内。

③ 将支架的 4 个螺孔对准并紧贴已打墙孔，放置平垫圈和弹簧垫圈，旋紧 M12×80mm

六角螺栓使壁挂支架固定于墙体,扭矩为 52.7N·m。

安装壁挂支架的示意图如图 6.5 所示。

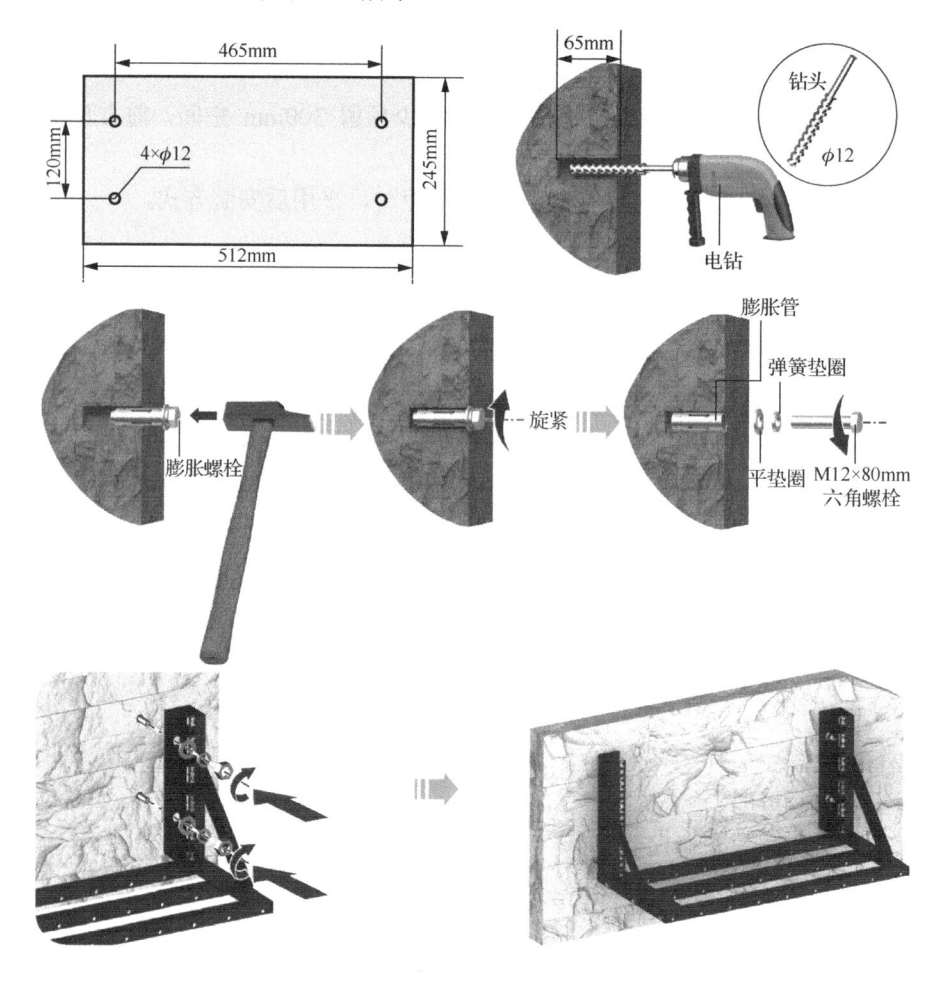

图 6.5 安装壁挂支架

(3)安装子架。

在壁挂支架上安装 ZXCTN 6180H 子架时,需要使用后支耳安装。

① 准备工作。

a. 子架外观完好、无变形。

b. 子架支耳上已安装好 M5 浮动螺母。

c. 已准备十字螺钉旋具、防静电手套(或防静电手环)。

② 安装步骤。

a. 佩戴防静电手套。

b. 使用 M3 螺钉将支耳安装在子架两侧,扭矩为 0.69N·m。

c. 手托子架至壁挂支架位置,小心推入。

d. 使用 M5 浮动螺母将子架紧固在壁挂支架上,扭矩为 3.7N·m。

安装子架的示意图如图 6.6 所示。

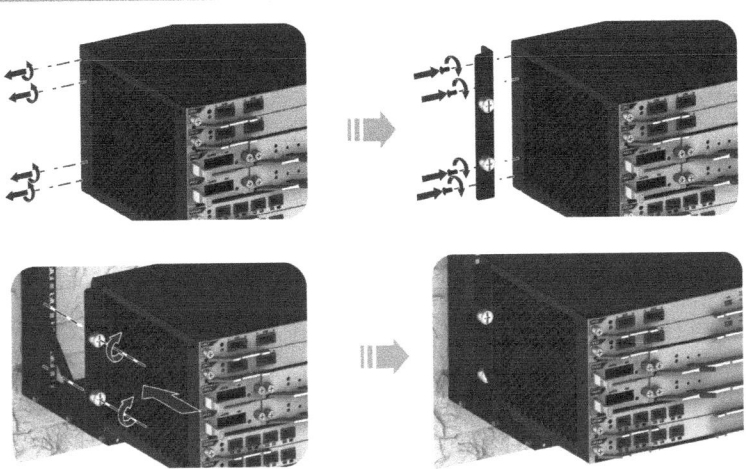

图 6.6　安装子架

机柜内的安装和安装 ZXCTN 6700-12 一致，这里不再赘述。

子架安装自查表如表 6.4 所示。

表 6.4　子架安装自查表

序号	检查项目
1	安装假面板前，插箱内的空槽位应该清洁无杂物
2	插箱接地线的连接应正确
3	插箱各组件的安装位置不影响设备出线和维护操作
4	插箱中各部件的外观整洁，如不能有油漆脱落、碰伤、污迹，否则应进行补漆、清洁处理

5．安装防静电手环

1）准备工作

取出防静电手环。

2）安装步骤

将防静电手环安装在子架的防静电手环插孔内，如图 6.7 所示。

3）注意事项

（1）在操作设备时，应佩戴防静电手环。

（2）操作完成后，应将防静电手环挂在侧门内侧的挂钩或子架顶部，防止手环线缆与尾纤缠绕。

（3）如果机柜配置了防静电手环插孔，应将防静电手环安装在机柜的防静电手环插孔内。

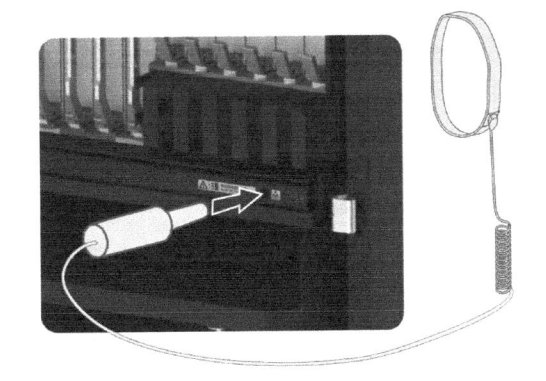

图 6.7　安装防静电手环

6．安装及拆卸风扇单元

1）准备工作

已准备防静电手套（或防静电手环）。

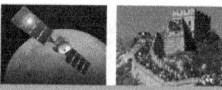

2）安装步骤

（1）佩戴防静电手套。

（2）手托独立风扇单元至安装槽位处，将风扇单元对准槽位内的左右导轨，完全推入槽位中，直至听到"啪"的锁定声音，如图6.8所示。

3）拆卸风扇的步骤

（1）佩戴防静电手套。

（2）按压拉手内部的锁定按钮，并向外拉出风扇单元，如图6.9所示。

图6.8　安装风扇示意图 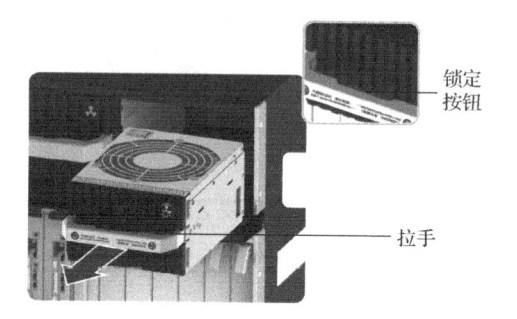　　　　　　图6.9　拆卸风扇示意图

7．安装及拆卸电源板

1）准备工作

已准备十字螺钉旋具、防静电手套（或防静电手环）。

2）安装步骤

（1）佩戴防静电手套。

（2）拇指按下电源板扳手PUSH按钮，将扳手向外扳开至最大角度，松开拇指。

（3）左手握住电源板面板，右手向上托电源板下边沿，沿槽位滑道向内推入电源板，如图6.10所示。

（4）将下扳手向内扳动到与电源板平齐，顺时针旋紧电源板上下两端的松不脱螺钉，力矩为6.5N·m，如图6.11所示。

图6.10　安装电源板示意图1 　　　　　　图6.11　安装电源板示意图2

3）拆卸电源板的步骤

（1）佩戴防静电手套。

（2）逆时针旋开电源板上下两端的松不脱螺钉，力矩为 6.5N·m。

（3）拇指按下电源板扳手 PUSH 按钮，向外缓缓扳开。

（4）扳动扳手，助力电源板拔出，如图 6.12 所示。

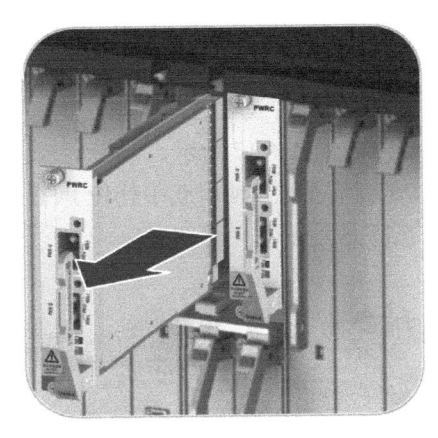

图 6.12　拆卸电源板示意图

8．安装及拆卸单板

1）注意事项

（1）接到设备或单板后，需要保留第一次上电记录。

（2）安装多块单板时，应该按照从左至右或从右至左的顺序逐块安装。

（3）如果待安装单板的槽位安装了转换架，安装全高板时，需先拆卸转换架。

（4）拆卸正在运行的单板可能会影响设备的正常运行，导致业务中断。

（5）未安装的单板，应将单板放入防静电保护袋内，做好标记。

（6）插单板前，应确保背板槽位无倒针及异物，以避免损坏子架背板槽位针脚及单板插槽。

（7）在插入单板的过程中，应确保单板插头正好对准背板插座，以及背板上的防误插导向针对准单板上的导向块孔。

（8）如果单板插入有阻碍，严禁强行插入，应检查单板或调整位置后再重新插入。

（9）禁止叠放单板，如图 6.13 所示。

（10）禁止将单板放置在凹凸平面上，如图 6.14 所示。

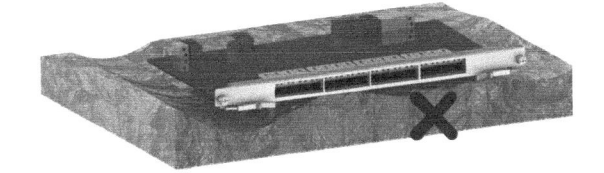

图 6.13　禁止叠放单板　　　　图 6.14　禁止将单板放置在凹凸平面上

（11）禁止用手直接接触单板，如图 6.15 所示。

（12）在操作过程中（包括从包装材料中取出和安装单板阶段），禁止使用拿扳手的方式

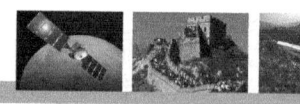

提取单板,如图 6.16 所示。

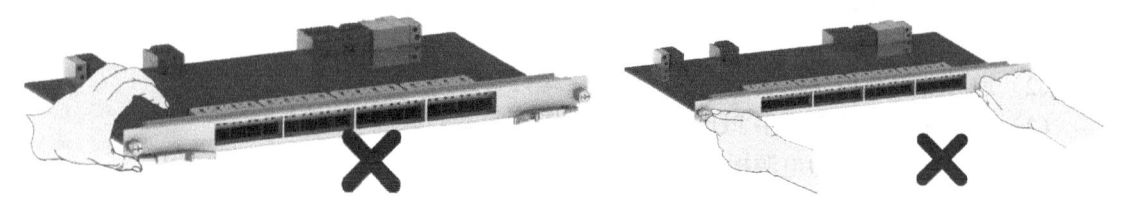

图 6.15　禁止用手直接接触单板　　　图 6.16　禁止使用拿扳手的方式提取单板

（13）在接触设备及安装线缆前,必须佩戴防静电手套或防静电手环,以免人体静电损坏敏感元器件,如图 6.17 所示。

（14）安装单板时,使用双手托住 PCB（Printed-Circuit Board,印制电路板）两侧边缘部分,如图 6.18 所示。

图 6.17　佩戴防静电手套 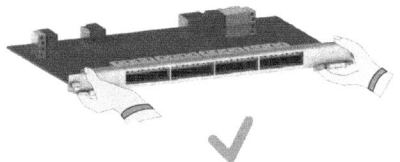　　　图 6.18　双手托住 PCB 两侧边缘

2）安装步骤

（1）拇指按下单板面板上、下扳手 PUSH 按钮,同时将扳手向两侧扳开至最大角度,松开拇指。

（2）在安装单板的过程中,左手握住单板面板,右手向上托单板下边沿,沿槽位滑道向内推入单板,如图 6.19 所示。

（3）上、下扳手向内扳动到与面板平齐,顺时针旋紧面板上、下两端的松不脱螺钉,力矩为 6.5N·m,如图 6.20 所示。

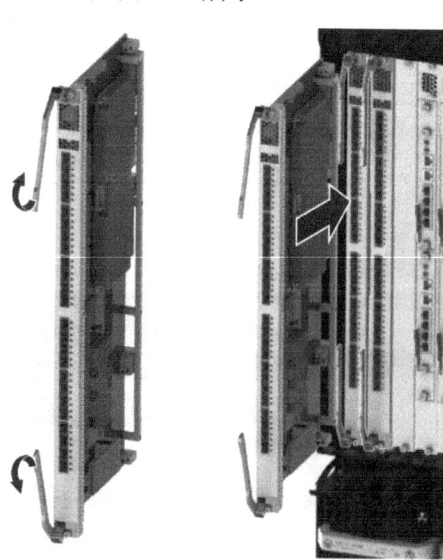

图 6.19　推入单板 1 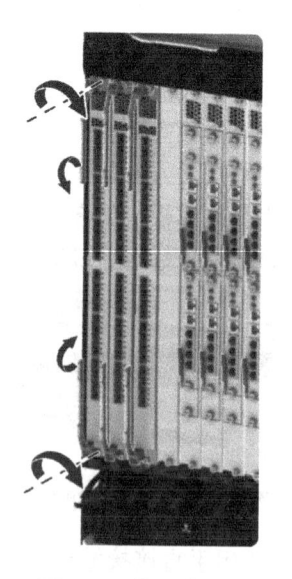　　　图 6.20　推入单板 2

3）拆卸单板的步骤

（1）逆时针旋松面板上、下两端的松不脱螺钉，力矩为 6.5N·m，拇指按下单板面板上、下扳手 PUSH 按钮，同时将扳手向两侧缓缓扳开，如图 6.21 所示。

（2）扳动扳手，助力单板拔出，如图 6.22 所示。

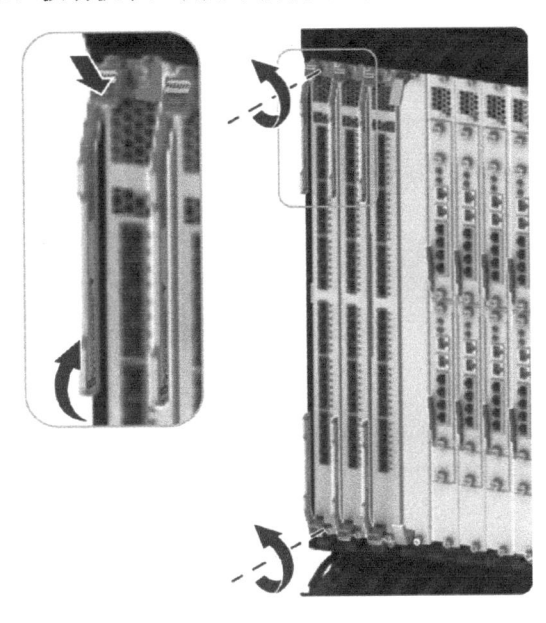

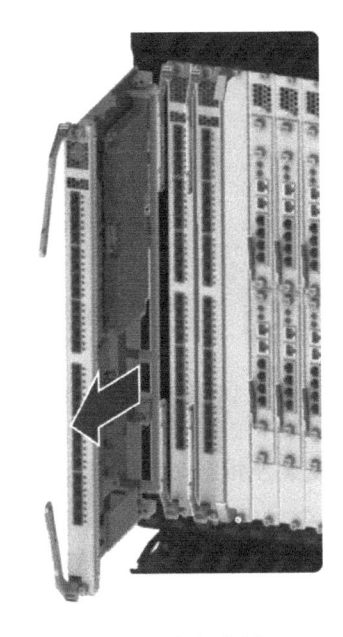

图 6.21　拆卸单板 1　　　　图 6.22　拆卸单板 2

单板安装自查表如表 6.5 所示。

表 6.5　单板安装自查表

序号	检查项目
1	所有单板都应插到正确的槽位中，且单板安插到位
2	单板面板上的标识应正确清晰

9．安装及拆卸转换架

1）准备工作

已准备十字螺钉旋具、防静电手套（或防静电手环）。

2）安装步骤

（1）佩戴防静电手套。

（2）手托转换架至安装槽位处，并轻轻推入。

（3）顺时针旋紧螺钉，力矩为 3.7N·m，如图 6.23 所示。

3）拆卸转换架的步骤

（1）佩戴防静电手套。

（2）逆时针旋松螺钉，力矩为 3.7N·m。

（3）手握面板上、下两个螺钉，将转换架轻轻拉出，如图 6.24 所示。

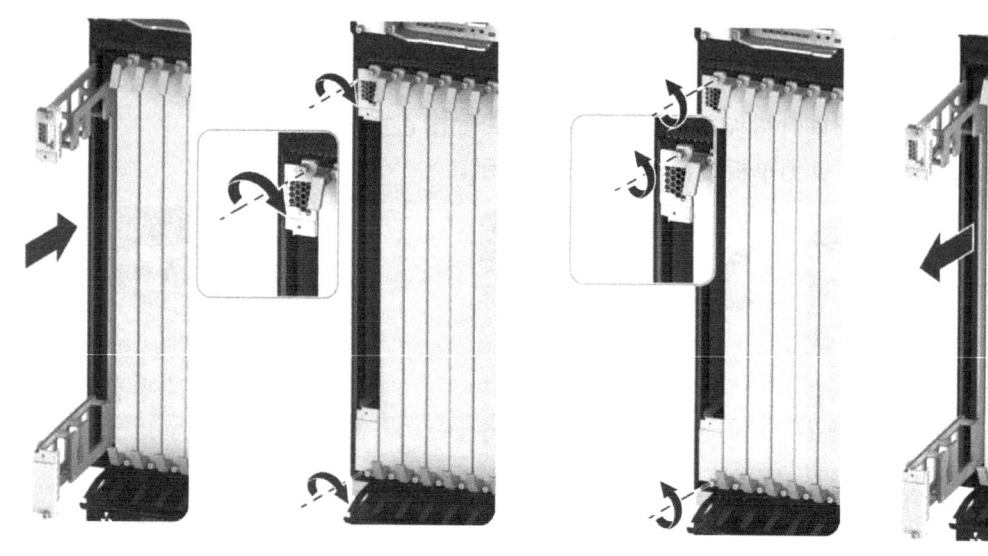

图 6.23 安装转换架示意图　　　　图 6.24 拆卸转换架示意图

10. 安装及拆卸假面板

1）准备工作

已准备十字螺钉旋具、防静电手套（或防静电手环）。

2）安装步骤

（1）佩戴防静电手套。

（2）将螺钉逆时针扭转至最大角度。

（3）左手握住假面板，右手向上托假面板下边沿，沿槽位滑道向内推入假面板。

（4）顺时针旋紧螺钉，力矩为 3.7N·m，如图 6.25 所示。

3）拆卸假面板的步骤

（1）佩戴防静电手套。

（2）将螺钉逆时针扭转至最大角度，力矩为 3.7N·m。

（3）手握假面板上下两个扳手，将假面板轻轻拉出，如图 6.26 所示。

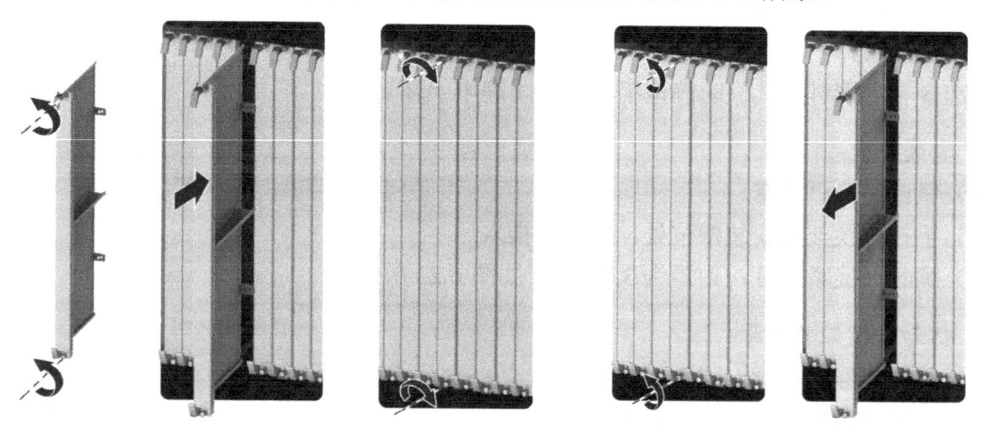

图 6.25 安装假面板示意图　　　　图 6.26 拆卸假面板示意图

项目 2 5G 承载设备安装

11．安装挡风板

1）准备工作

（1）已安装 ZXCTN 6700-12 子架。

（2）为了保证散热风道的完整性，应在子架两侧安装挡风板。

2）安装步骤

（1）将子架平缓推入至后立柱位置。

（2）在挡风板的安装孔位置安装松不脱螺钉。

（3）将两块挡风板分别紧固在左侧机柜上，顺时针旋紧松不脱螺钉，扭矩为 3.7N·m。挡风板的安装操作示意图如图 6.27 所示。

（4）将第三块挡风板紧固在右侧机柜上，顺时针旋紧松不脱螺钉，扭矩为 3.7N·m，如图 6.28 所示。

图 6.27　安装挡风板 1

图 6.28　安装挡风板 2

（5）在子架右侧，将挡风板组件平缓推入，顺时针旋紧螺母，紧固挡风板组件，如图 6.29 所示。

12．安装及拆卸光模块

1）注意事项

（1）应避免在过湿或过热的环境中，存储光模块，否则会导致光模块电口金手指氧化，造成接触不良。

（2）插拔光模块必须戴好防静电手环。

（3）避免手和其他物体直接接触光模块引脚。光模块周转必须存放在防静电袋中，否则会导致静电损毁。

（4）取拿光模块时应注意电接口不能和其他硬物接触，以免电口接点划伤或损伤。

（5）光纤在插入光模块时，必须进行端面清洁后才能插入。

（6）如果光模块上安装了光纤，应拔出光纤后再进行安

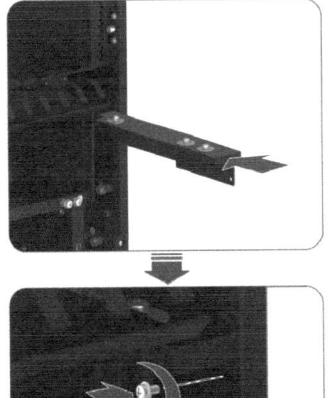

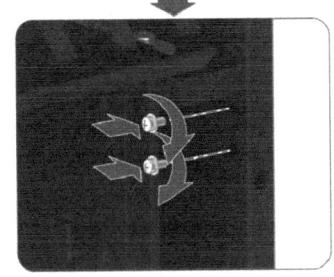

图 6.29　安装挡风板 3

装或拆卸。

（7）光纤从光模块中拔出后，如果短时间不再插入光模块，应使用防尘帽保护光模块的端口，防止污染。

（8）光纤跳线如果不使用，应使用防尘盖保护跳线端面。

（9）ZXCTN 6700-12 可插拔光接口模块支持热插拔，在进行插拔操作时应注意激光防护。

（10）在安装和拆卸光模块时，勿用手直接触摸光模块的金属部分，以免造成接触不良。

（11）安装光模块时，应平行推入光模块到位，切忌粗暴插拔，以免损坏光模块。

（12）禁止未转动拉环解锁时，直接强力拔出光模块，如图 6.30 所示。

（13）禁止用力摇晃拉手环，以免损伤手指，如图 6.31 所示。

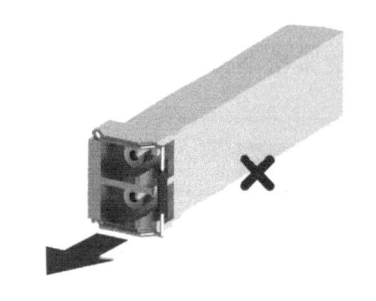

图 6.30　禁止直接强力拔出光模块 　　　　图 6.31　禁止用力摇晃拉手环

（14）禁止使用钳子或钩子拔出光模块，如图 6.32 所示。

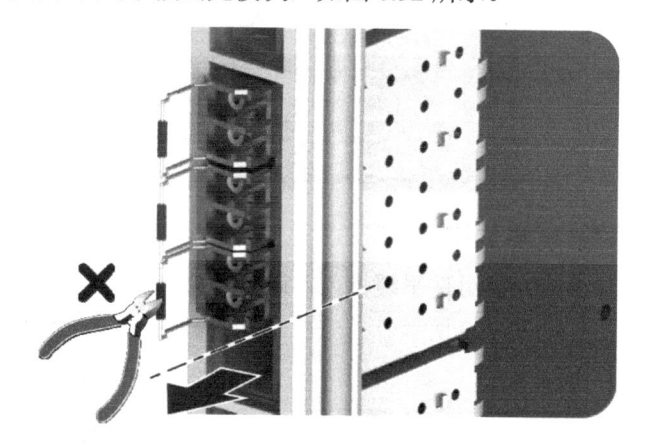

图 6.32　禁止使用钳子或钩子拔出光模块

（15）安装/拆卸光模块时，必须保持光模块和模块插座在同一轴线上。

2）准备工作

已佩戴好防静电手环。

3）安装步骤

（1）安装 SFP/SFP+/CFP2 光模块。

① 将光模块有凸起部件的一面朝左，沿轴线对准单板接口的相应位置，轻推光模块，直至听到"咔嗒"一声。

② 将光模块推到底后，将拉手环向右扣住，固定光模块，如图 6.33 所示。

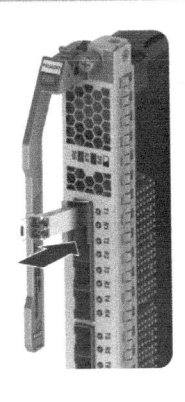

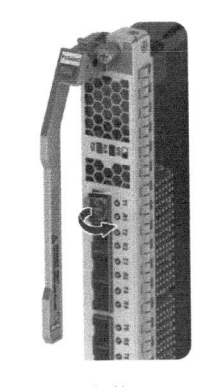

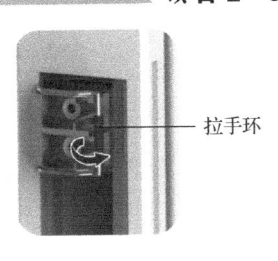

图 6.33 安装 SFP/SFP+光模块

（2）安装 CFP 光模块。
① 平行推入光模块。
② 顺时针旋紧松不脱螺钉，力矩为 3.7N·m，如图 6.34 所示。

图 6.34 安装 CFP 光模块

4）拆卸光模块的步骤
（1）拆卸 SFP/SFP+/CFP2 光模块。
① 食指将光模块的拉手环旋转 90°，使拉手环与光模块水平，光模块充分解锁。
② 沿轴线向外轻拉光模块至完全分离，完成拆卸，如图 6.35 所示。
注意：拆卸可插拔光模块时拉手环的解锁必须到位，否则很容易损坏导轨或模块。

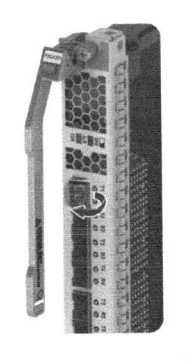

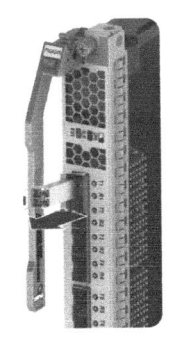

图 6.35 拆卸 SFP/SFP+光模块

（2）拆卸 CFP 光模块。
① 逆时针旋松松不脱螺钉。
② 沿轴线向外轻拉光模块至完全分离，完成拆卸，如图 6.36 所示。

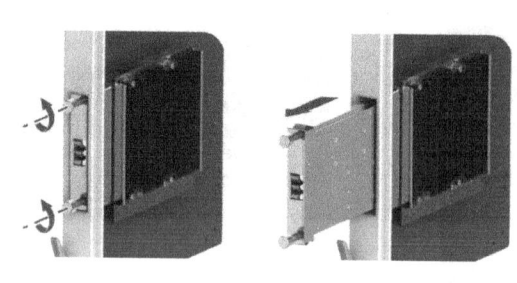

图 6.36 拆卸 CFP 光模块

13．安装及拆卸光衰减器

1）准备工作

已佩戴防静电手套。

2）光衰减器的结构

光衰减器的结构如图 6.37 所示。

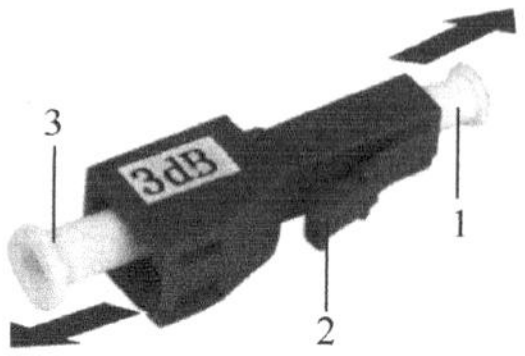

3）安装步骤

(1) 拔下光衰减器前后保护套。

(2) 将光衰减器上的弹片对准单板上的光口法兰盘的凹槽，适度用力推入，直至听到"啪"一声的轻响，卡紧即可。

(3) 将尾纤插头的弹片对准光衰减器法兰盘的凹槽，适度用力推入，直至听到"啪"一声轻响，卡紧即可，如图 6.38 所示。

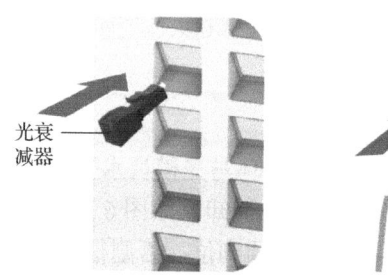

1—保护套；2—卡扣；3—保护套

图 6.37 光衰减器的结构

图 6.38 安装光衰减器

4）拆卸光衰减器的步骤

(1) 按下尾纤插头上的弹片，向外拔尾纤。

(2) 按下光衰减器上的弹片，向外拔出光衰减器，如图 6.39 所示。

图 6.39 拆卸光衰减器

任务实施记录单

班级_____ 学号_____ 姓名_____

操作	标准要求	注意事项
安装浮动螺母		
安装设备子架		
安装防静电手环		
安装及拆卸风扇单元		
安装及拆卸电源板		
安装及拆卸单板		
安装及拆卸转换架		
安装及拆卸假面板		
安装挡风板		
安装及拆卸光模块		
安装及拆卸光衰减器		

任务 7 5G 承载设备线缆布放

7.1 任务描述

正确地布放安装各种线缆，然后给线缆打上正确的标签并根据安装规范对线缆进行绑扎，使其达到工程要求。

7.2 任务目标

（1）掌握每种线缆的用途；
（2）掌握每种线缆的布放方法；
（3）了解不同线缆布放时需要注意的事项。

7.3 知识准备

1. 线缆连接关系

ZXCTN 6700-12 需要布放的线缆连接关系如表 7.1 所示。

表 7.1 线缆连接关系表

线缆类型	线缆名称	线缆图	A 端接口	B 端接口
电源线	外部电源线（-48V）	A端　B端	单板外部电源输入端-48V	机房供电设备
	外部电源线（-48V RTN）	A端　B端	单板外部电源输入端-48V RTN	机房供电设备
	直流电源线（-48V）	A端　B端	子架直流电源板电源插座	机柜电源-48V RTN 输出端；机柜电源-48V 输出端
保护地线	外部保护地线	A端　B端	机柜顶部 M8 接地螺栓或机架底部接地端子	机柜后立柱接地点或机房保护地汇流排
	机架接地保护线			
网线	机架告警显示电缆	RJ 45插头　RJ 45插头　A端　B端	SAIAT1 单板子架告警显示接口（LAMP）	机柜顶部指示灯板 RJ45 插座
	网管网线		SAIAT1 单板的网管接口（Qx）	网管计算机或 Hub 等网络设备
	告警输入电缆		SAIAT1 单板的告警输入接口（ALM_IN）	用户设备
	告警输出电缆	RJ 45插头　A端　B端	SAIAT1 单板的告警输出接口（ALM_OUT）	用户设备
	时间同步 GPS 线缆		SAIAT1 单板时间同步接口（GPS）	用户设备
	以太网业务网线		以太网单板电接口	用户设备
BITS 线缆	75 ΩBITS 线缆	A端　B端	SAIAT1 单板的 BITS 时钟接口（BITS-75 Ω）	BITS 设备
光纤	尾纤	A端　B端	业务板光接口	用户设备

线缆使用说明如表 7.2 所示。

表 7.2 线缆使用说明

线缆类型	线缆名称	使用要求
外部电源线（-48V）	25mm² 蓝色单芯阻燃电缆	线缆长度≤35m
外部电源线（-48V）	35mm² 蓝色单芯阻燃电缆	35m<线缆长度≤50m
外部电源线（-48V RTN）	25mm² 黑色单芯阻燃电缆	线缆长度≤35m
外部电源线（-48V RTN）	35mm² 黑色单芯阻燃电缆	35m<线缆长度≤50m
外部电源线（并接使用时）	50mm² 电源线	双路电源短接为一路电源，电源线使用长度≤50m
外部保护地线	35mm² 黄绿色单芯阻燃电缆	—
子架保护地线	16mm² 黄绿色单芯软导体无护套电线	—
机柜保护地线	35mm² 阻燃电缆	—

2．线缆安装注意事项

（1）如果需要，根据线缆接口规格制作线缆连接插头。

（2）裁剪线缆时，不要损伤电缆的其他部分，绝缘层、屏蔽层及护套切除应整齐。

（3）裁剪线缆时，应预留加工损耗余量。

（4）裁剪线缆时，尤其在外接电源线和保护地线成端剪除电缆余长时，应使用承装工具承载碎线头，避免碎线头掉入设备内部，避免设备加电时引发短路危险。

（5）剥除线缆外皮时，导电芯不应划伤、卷曲或产生刻痕、断股，即导电线芯截面面积不能减小，绝缘层不应被擦伤、压伤或产生裂痕，即不允许绝缘层厚度减小。

（6）安装线缆时，需要轻拿轻放，避免用力拉、压、挤，不可过度弯折。

（7）禁止使用粗糙的摩擦性材料或丙酮等有机溶剂擦光纤。

（8）对于同时安装多根线缆的情况，应先制作线缆标签并粘贴牢固，以免混淆。

（9）安装光纤时，光纤长度必须和光模块支持的距离匹配。例如，禁止用 10km 的光纤连接支持 80km 的光模块。

（10）严禁用很短的光纤直接把光模块的发送和接收端口直接连接。

（11）插入光纤时，应清洁光纤端面（光纤连接器）。

（12）禁止用手直接触摸光纤端面（光纤连接器），或让光纤端面碰到生产环境物体。

（13）禁止将工具、夹具、元器件等压放在光纤的上面。保证光纤操作桌面没有尖角锋利锐器和高温源。

（14）在连接光纤时，应将光纤连接器垂直插入光接口，避免倾斜插入，如图 7.1 所示。应将整个光纤连接器插入到位。常用的 SC 和 LC 连接器会听到"啪"声表示连接到位。

图 7.1 禁止光纤倾斜插入

（15）严禁用力拉光纤线，如图 7.2 所示，用力拉光纤线容易造成光纤和连接头的开裂。任何时候严禁对光纤线施加超过 80N 的拉力。

图 7.2　禁止用力拉光纤线

（16）严禁扭绞光纤线，如图 7.3 所示，避免出现可能的造成光纤线扭绞的情况。应顺着光纤线自然松弛状态进行盘纤。

图 7.3　禁止扭绞光纤线

（17）光纤跳线在使用过程中会磨损。光纤跳线插拔 500 次后，要进行检测。如果不合格，禁止继续使用。

3．线缆整理

（1）规划设备内部的线缆走线路径时，应考虑扩容情况。

（2）工程实施过程中，布放外部光纤需要将光纤套入波纹管中，以防小动物啃咬。

扫一扫看线缆整理微课视频 1

（3）为了保证光纤的连接关系与设备组网一致，需要在组网图中标明光纤的始、终端网元的光接口编号。

（4）线缆的路由走向、安装位置，均应符合施工图设计要求，不得有断线和中间接头。

（5）线缆在槽道中应顺直，无明显扭绞，不得越出槽道，挡住其他进出线口。

（6）在槽道中，外径小于 12mm 的线缆，弯曲率半径应大于 60mm。外径大于 12mm 的线缆，弯曲率半径应大于其外径的 10 倍。

（7）线缆在出槽道部位，沿墙布放处或拐弯处应绑扎、固定。

（8）注意保护网线的连接器，切勿拖曳、挤压。

（9）穿管前应将多根光纤用光纤绑扎带绑扎，并注意保护光纤连接器插头。

（10）波纹管深入机柜部分的长度以 10cm 最佳。

（11）光纤在机柜内部布放时，建议按 48 根成一束，用光纤绑扎带定长绑扎。

（12）光纤不能直接用线扣进行绑扎，可以用缠绕管缠绕在光纤上，用线扣均匀绑扎。

（13）网线绑扎应留有余量，以便其顺利连接到网口（线缆的绑扎要求如表 7.5 所示）。

（14）不插尾纤的光接口需要盖上光口塞，没有接光口的尾纤需要套上尾纤帽。

扫一扫看线缆整理微课视频 2

（15）线缆可由机柜顶部出线孔或机柜底部出线孔引入机柜。

（16）尾纤安装在机柜布线区最靠近机柜前门的位置。

（17）尾纤沿机柜安装至机柜外时，应穿入保护软管，最多可穿放 12 根光纤。穿软管前应将多根尾纤用光纤绑扎带捆绑（线缆的绑扎要求如表 7.5 所示）。

（18）当机房布线采用上走线方式时，则上走线槽与机柜顶部之间的距离应大于 200mm。

（19）当线缆过长时，可在机柜顶部、底部或槽道中间盘留。盘留后的线缆不得堆压在其他线缆上。

（20）禁止将工具、夹具、元器件等压放在光纤的上面，保证光纤操作桌面没有尖角锋利锐器和高温源。

（21）尾纤、其他信号线缆（如网线）、电源线缆应分开布放。严禁将其他信号线缆堆叠在尾纤上面。

（22）光纤在与其他线缆并行布放时，应放置在其他线缆上面。

（23）布放在子架两侧的光纤或其他线缆不能阻挡子架风口，避免造成子架散热不良。

7.4 任务实施

1．安装保护地线

1）注意事项

（1）为了保证通信设备的正常工作及维护人身安全，避免接触电压、跨步电压对人体的危害，必须连接子架保护地线。

（2）子架使用 $16mm^2$ 黄绿相间色单芯接地线缆，外观如图 7.4 所示。

图 7.4　$16mm^2$ 黄绿相间色单芯接地线缆

2）准备工作

（1）子架已安装。

（2）线缆的连接端口和规格经确认无误。

（3）已准备十字螺钉旋具、防静电手套（或防静电手环）、线扣和斜口钳。

扫一扫看线缆布放微课视频

3）安装步骤

（1）佩戴防静电手套。

（2）用十字螺钉旋具取下子架接地点的螺钉，将保护地线的 A 端固定在子架接地点，拧紧螺栓，扭矩为 1.9N·m。

（3）将子架保护地线的 B 端就近连接至机柜后立柱的接地螺栓，拧紧螺栓，扭矩为 1.9N·m，如图 7.5 所示。

（4）粘贴保护地线标签。

（5）捆扎线缆，完成保护地线的安装。

项目2 5G承载设备安装

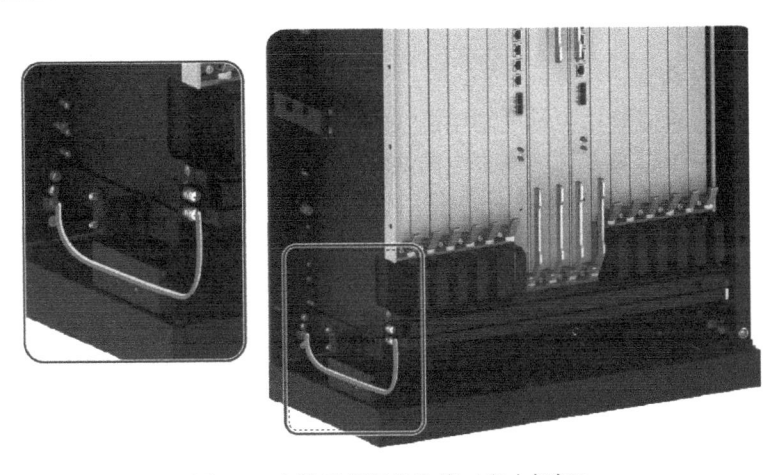

图7.5 安装子架保护地线（室内机柜）

2．安装直流电源线

1）直流电源线说明

（1）ZXCTN 6700-12子架直流电源线由-48 V导线和-48 V地线组成，如图7.6所示。

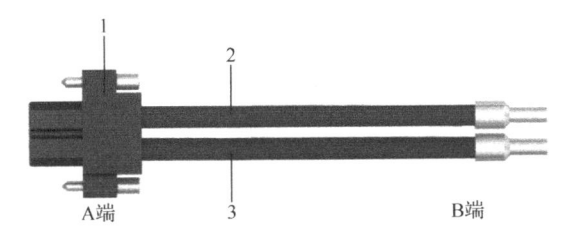

1—2芯矩形插头；2—红色多股导线；3—蓝色多股导线

图7.6 -48V直流电源线外观

（2）直流电源线外观如图7.6所示，子架直流电源线的线缆说明如表7.3所示。

表7.3 直流电源线的线缆说明

子架	线缆名称	规格	A端规格	B端规格
ZXCTN 6700-12	2芯直流电源线缆	-48V RTN 电源线；红色；10mm² -48V 电源线；蓝色；10mm²	2芯矩形插头	带预绝缘的管状端头

2）准备工作

（1）线缆的连接端口类型和线缆的端子/插头经确认无误。

（2）已确认外部电源的所有电源输出开关控制处于"OFF"状态。

（3）已确认外部电源的供电处于断开状态。

（4）已准备一字螺钉旋具、防静电手套（或防静电手环）、压线钳、卷尺、剥线钳、线扣和斜口钳。

3）安装步骤

（1）佩戴防静电手套。

（2）根据工勘要求截取相应长度的电源线缆。

（3）根据管状端子金属管长度剥去电源线缆外保护皮层。

（4）按照如图 7.7 所示的压接方法，使用管状端子压线钳压接管状端子。

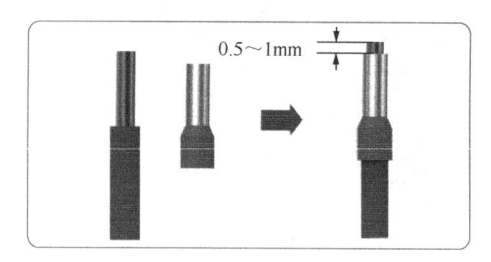

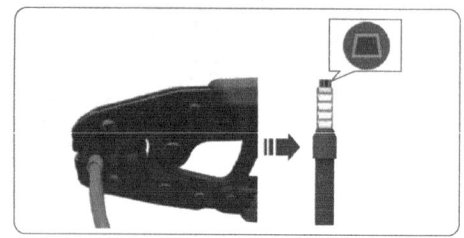

图 7.7 压接管状端子

（5）将直流电源线缆的 A 端插入子架电源板的电源接口，拧紧螺钉，力矩为 0.38N·m。

（6）在室内机柜中安装直流电源线，将电源线缆的 B 端沿机柜左前立柱和右前立柱走线，如图 7.8 所示。

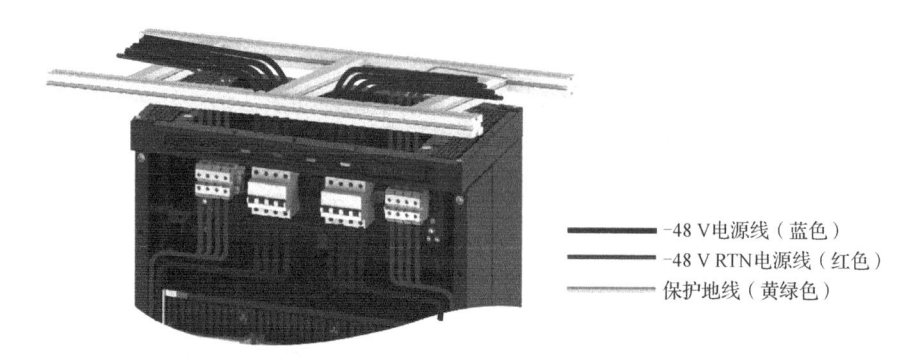

图 7.8 安装直流电源线

-48 V电源线（蓝色）
-48 V RTN电源线（红色）
保护地线（黄绿色）

（7）粘贴电源线标签。

（8）捆扎线缆，完成电源线的安装。

3. 安装网线

1）网线相关情况说明

（1）ZXCTN 6700-12 子架安装的网线包括：GPS 输入输出线缆、LCT 口线缆、Qx 口线缆、告警输入输出线缆、120ΩBITS/GPS 线缆。

（2）ZXCTN 6700-12 子架的网线外观如图 7.9 所示。

A端　　　　　　　　　　　　　　　　　　　　　　　　B端

图 7.9 网线外观

项目 2 5G 承载设备安装

2）准备工作

（1）线缆的连接端口类型和线缆的端子/插头经确认无误。

（2）已准备防静电手套（或防静电手环）、线扣和斜口钳。

3）安装步骤

（1）制作网线。

（2）佩戴防静电手套。

（3）将网线 A 端插入子架对应接口。

（4）将网线 B 端沿子架左侧出线，连接到对应设备接口，如网管计算机。

（5）粘贴网线标签。

（6）捆扎线缆，完成网线的安装。

扫一扫看安装光纤微课视频

4．安装光纤

1）光纤相关情况说明

（1）ZXCTN 6700-12 使用的光纤外观如图 7.10 所示。

图 7.10 光纤外观

（2）整机布线需满足以下原则。

① 防止机柜门压损光纤，单板到光纤最高点的距离≤80mm，如图 7.11 所示。

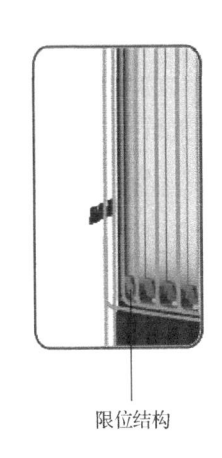

图 7.11 光纤限位结构

② 左侧和右侧出纤位置的光纤，需要布放在限位结构内部。

③ 光纤走线需要满足：光纤均左右对称出纤，左侧的光纤全部左侧出纤，右侧的光纤全部右侧出纤。

④ 左侧布放的所有 2mm 光纤的最大数量为 288 根。

⑤ 右侧布放的所有 2mm 光纤的最大数量为 288 根。

⑥ 在纤缆引出机柜之前,使用斜口钳将侧柜顶部挡片剪掉部分,将纤缆从缺口位置引出。使用套管包裹住侧柜外的纤缆,固定到走纤架上,如图 7.12 所示。

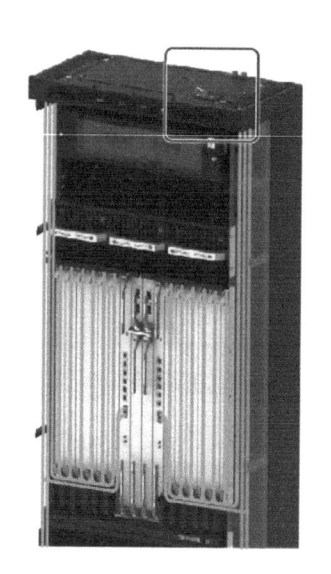

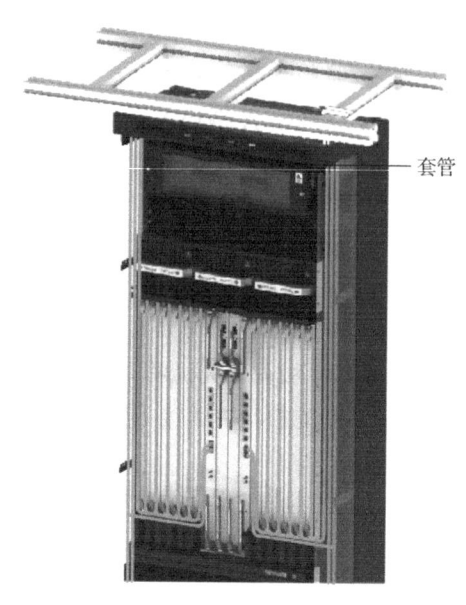

图 7.12 光纤固定到走纤架上

2)安装步骤

(1)佩戴防静电手套。

(2)摘掉光纤连接器的白色光纤帽。

(3)将光模块插入单板的光接口,再将光纤的 A 端垂直插入光模块,听到"咔嗒"声说明光纤连接到位。注意:光纤布放时要留有余量,避免影响单板拔插。

(4)光纤 B 端应沿子架两侧出纤,连接到外部设备。

① 光纤全部安装完毕,应使用尼龙粘扣带绑扎;使用尼龙粘扣带绑扎时,需间隔约 20cm 捆绑一次,且不宜过紧。

② 不插光纤的光接口需要确保盖上光口塞,没有插入光口的光纤需要确保套上光纤帽。

(5)粘贴光纤标签。

(6)捆扎线缆,完成光纤的安装。

3)光纤布放自检

完成光纤的布放后,我们要对自己布放的尾纤进行自我检查,查看布放的工艺及端口是否正确。光纤布放自检表如表 7.4 所示。

表 7.4 光纤布放自检表

序号	检查项目
1	布放、连接应与设计相符
2	尾纤两端标签填写正确清晰、位置整齐、朝向一致
3	与连接件（如光接口板、法兰盘）的连接要可靠
4	连接点应清洁
5	绑扎间距均匀，松紧适度，美观统一
6	尾纤在机柜外布放时，应加装波纹管，且尾纤在波纹管中可自由抽动
7	尾纤布放不应有强拉硬拽及不自然的弯折，布放后无其他线缆压在上面
8	布放应便于维护和扩容
9	在 ODF 架内应理顺固定，对接可靠，多余尾纤盘放整齐

5．粘贴线缆标签

1）标签事项说明

为了便于设备的调试和维护，应在每条线缆两端距离连接头 1～2cm 处，各粘贴一个标签，电源标签、线缆标签和尾纤标签如图 7.13 所示。

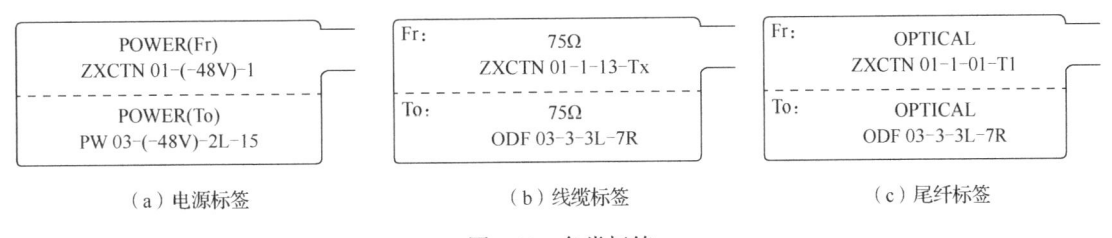

```
POWER(Fr)              Fr:        75Ω              Fr:      OPTICAL
ZXCTN 01-(-48V)-1      ZXCTN 01-1-13-Tx            ZXCTN 01-1-01-T1
─────────────          ─────────────               ─────────────
POWER(To)              To:        75Ω              To:      OPTICAL
PW 03-(-48V)-2L-15     ODF 03-3-3L-7R              ODF 03-3-3L-7R
```

（a）电源标签　　　　　（b）线缆标签　　　　　（c）尾纤标签

图 7.13　各类标签

2）安装步骤

（1）佩戴防静电手套。

（2）在距离线缆接头约 2cm 处，将标签与线缆定位，并将标签尾部向左折叠，使标签粘贴在线缆上。

（3）将标签头部下端向内、向上折叠，使标签头部下端和上端粘贴在一起，如图 7.14 所示。

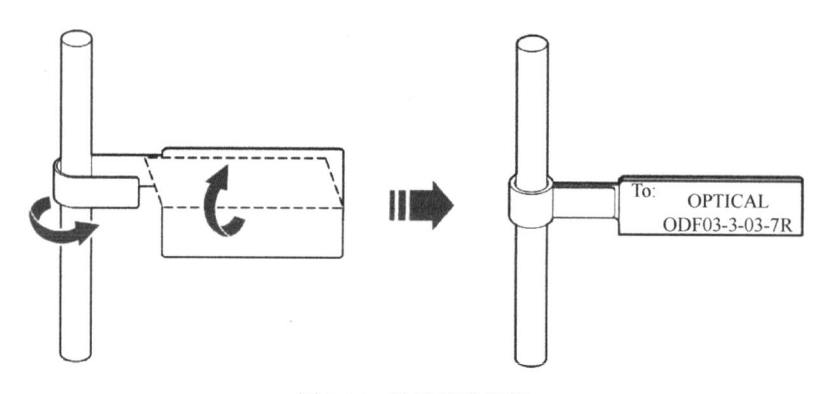

图 7.14　粘贴线缆标签

说明：

① 对于垂直线缆，标签头部一般朝左。

② 对于水平线缆，标签头部一般朝下。

6．捆扎线缆

使用扎带将布放完成的线缆进行固定，线缆的绑扎要求如表 7.5 所示。

表 7.5　线缆的绑扎要求

规范	示意图
线缆绑扎后应保持顺直，水平线缆的扎带绑扎位置距离应相同，垂直线缆扎后应能保持顺直	
尽量避免使用多根扎带连接后并扎，以免绑扎后的强度降低。扎带扎好后应将多余部分齐根平滑剪齐，在接头处不得带有尖刺	
线缆绑扎成束时，扎带间距应为线缆束直径的 3~4 倍	
绑扎成束的线缆转弯时，扎带应扎在转角两侧，以避免在线缆转弯处用力过大造成断芯的故障	

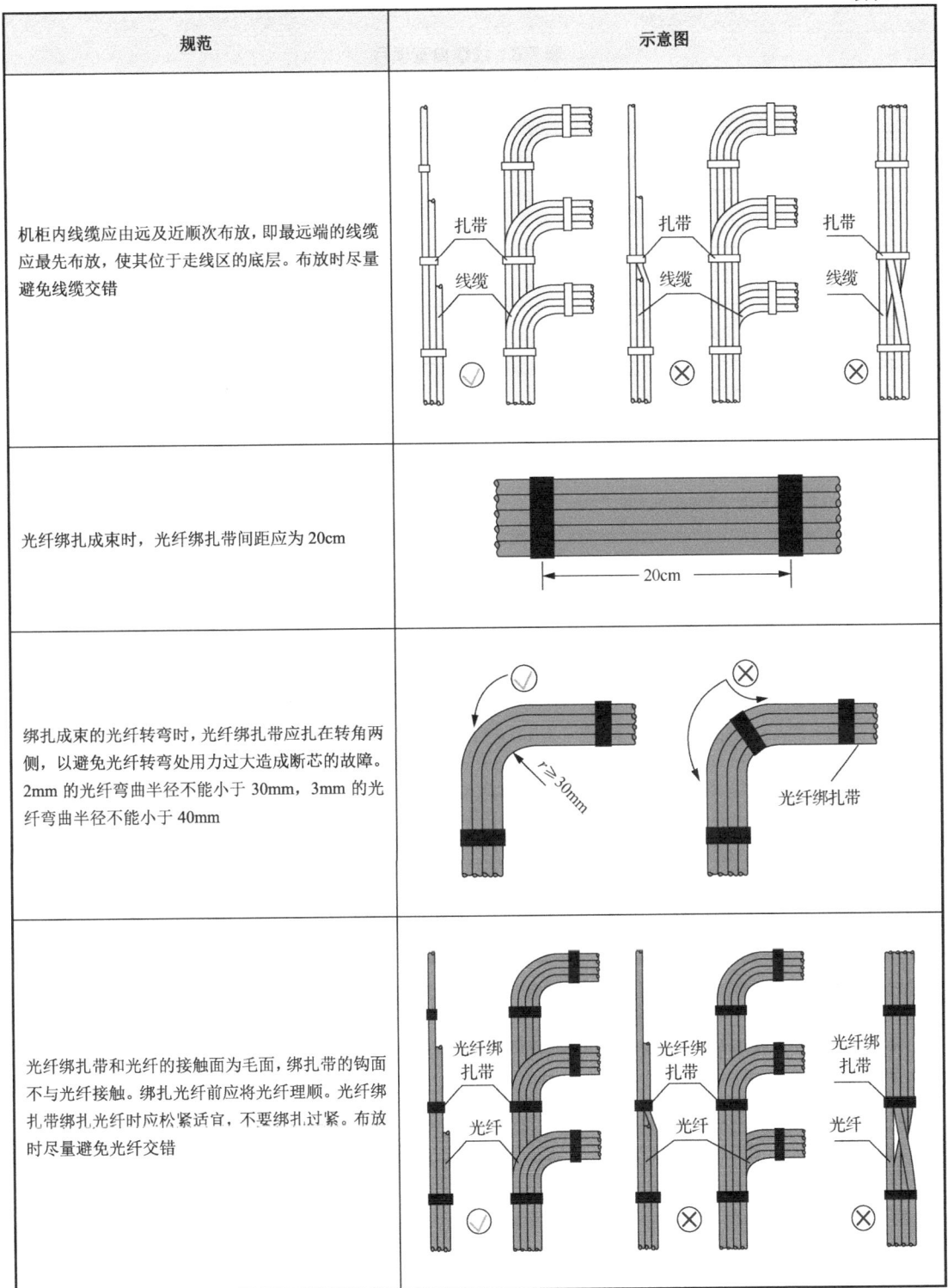

续表

规范	示意图
机柜内线缆应由远及近顺次布放,即最远端的线缆应最先布放,使其位于走线区的底层。布放时尽量避免线缆交错	
光纤绑扎成束时,光纤绑扎带间距应为20cm	
绑扎成束的光纤转弯时,光纤绑扎带应扎在转角两侧,以避免光纤转弯处用力过大造成断芯的故障。2mm 的光纤弯曲半径不能小于 30mm,3mm 的光纤弯曲半径不能小于 40mm	
光纤绑扎带和光纤的接触面为毛面,绑扎带的钩面不与光纤接触。绑扎光纤前应将光纤理顺。光纤绑扎带绑扎光纤时应松紧适宜,不要绑扎过紧。布放时尽量避免光纤交错	

施工完成后,要对布放的线缆进行自我检查,具体检查项目如表7.6所示。

表7.6 线缆自查项目

序号	检查项目
1	线缆规格、型号应正确,并应满足设备运行和设计要求
2	所有线缆的连接关系应正确,无错接和漏接
3	线缆标签粘贴正确
4	线缆布放时应理顺,不交叉、不弯折
5	线缆经过走线架时,应固定在走线架横梁上
6	电源线、地线走线转弯处应圆滑
7	设备的电源线、地线连接正确、可靠
8	电源线线头、地线线头和裸线需用套管或绝缘胶布包裹,线头、端子处无铜线裸露,平垫、弹垫安装正确
9	机柜门地线连接正确、可靠
10	机柜、插箱内具有金属外壳或部分金属外壳的各种设备都应正确接地,可靠连接
11	各种线缆的转弯处应放松,不得拉紧,避免线缆的根部、插头受到拉力,线缆转弯半径符合要求
12	槽道及走线梯上的线缆应排列整齐,所有线缆绑扎成束,线缆外皮无磨损
13	线缆中间无断线和接头,长度应留有余量
14	同一走向的线缆应理顺绑扎在一起,使线束外观平直整齐,不能互相交叉,扎带接头应齐根剪齐,没有尖刺外露,并位于线缆的下方
15	同一单板上相邻扎带的间距一致,不同单板上的扎带成行排列整齐,不得高低不一
16	插箱各组件的安装位置不影响设备出线和维护操作
17	线缆插头插接应可靠、到位,插头的紧固螺钉应拧紧。若发现有插头损坏、插头松动和线缆划伤情况,则应修复或重新配线
18	线缆的连接符合连接关系要求
19	线缆应有标识且标识正确、清晰
20	线缆的布放和绑扎应整齐、牢固

任务实施记录单

班级_____ 学号_____ 姓名_____

操作	标准要求	注意事项
安装保护地线		
安装直流电源线		
安装网线		
安装光纤		
粘贴线缆标签		
捆扎线缆		

习题 2

1. 5G 承载设备中，子架结构一般包含哪些单元？
2. 请描述一下接入层设备和汇聚核心层设备的区别。
3. 开箱验货之前需要准备哪些工具？
4. 请简单描述整机布线的原则。
5. 粘贴标签的作用是什么？标签应包含哪些内容？
6. 简述环境准备检查中包括的项目。
7. 简述防静电手环的作用。
8. 安装单板时有哪些注意事项？

项目 3

5G 承载设备调试和数据配置

电信设备接入网络前,需要对其进行调试,设备调试的流程图如右图所示。

各个调试流程的说明如下表所示。

序号	流程	说明
1	基础准备	为了保障设备调试工作顺利进行,在设备调试前,调试人员应做好调试基础准备工作,包括了解安全注意事项、搜集设备信息、准备工具和资料等
2	设备检查	为了保障设备正常调试及上电安全,设备上电调试前,需要对设备的硬件安装情况进行检查,确保其正常启动运行
3	设备上电	设备加电步骤及注意事项
4	单机调试	为业务开通做准备,对端口状态、光功率、光路及网管监控进行调试验证
5	系统联调	对开通的业务进行调试,确认是否满足验收要求

学习完本项目的内容之后,我们应该能够:

(1)掌握 5G 承载设备调试前的准备工作;

(2)掌握 5G 承载设备的硬件调试方法;

(3)掌握 5G 承载设备初始化的方法;

(4)掌握 5G 承载设备的基础数据配置方法;

(5)掌握 5G 承载设备 FlexE 链路的配置方法;

(6)掌握 HoVPN 的配置方法;

(7)掌握 SR over FlexE 链路的配置方法。

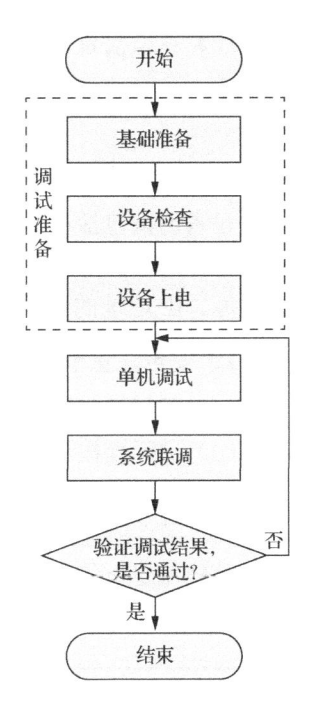

任务 8 5G 承载设备调试准备

8.1 任务描述

为了保障设备调试工作顺利进行,在设备调试前,调试人员应做好调试准备工作,包括了解安全注意事项、搜集设备信息、准备工具和资料等。资料收集齐全后,为了保障设备正常调试及上电安全,还需要对设备的硬件安装情况进行检查。经过以上精心准备后,就可以对设备执行加电操作,设备加电需要严格地按照设备加电步骤进行操作,同时也需要牢记相关的注意事项。

8.2 任务目标

(1) 了解设备调试的安全注意事项;
(2) 了解开始调试前需要准备的数据和调试工具;
(3) 掌握检查设备状态、设备上电的方法。

8.3 知识准备

1. 设备调试概述

设备调试包括设备的硬件调试和软件调试。硬件调试的目的是设备能够正常上电,设备的单板、风扇、电源等基础模块一切正常,设备的端口发光正常等。软件调试包括设备的数据清库、IP 地址的设置、版本文件的正常加载等。

2. 安全注意事项

(1) 进行设备操作(即存储、安装、拆封、插拔单板等)时,应佩戴防静电手环。
(2) 进行插拔单板操作时,切勿用手接触单板上的器件、布线或连接器引脚。
(3) 确保不使用的配件保存在静电袋内。
(4) 配件应远离食品包装纸、塑料和聚苯乙烯泡沫等容易产生静电的材料。
其他与安全相关的注意事项如表 8.1 所示。

表 8.1 与安全相关的注意事项

事项要求	说明
拔插电源板要求	电源板不支持热插拔,不能带电插拔电源板。 严禁直接操作连接着电源线的电源板。应先插入电源板再连接电源线,先拔掉电源线再拔电源板
设备接地要求	机柜、子架外壳有接地保护。 机柜与机房接地铜排通过保护地线相连。 子架与机柜后立柱紧密固定。 单板通过面板接设备外壳,单板内无电气连接
其他安全要求	系统运行时,请勿堵塞通风口。 安装面板时,如果螺钉需要拧紧,必须使用工具操作。 单机调试时严禁影响其他在网设备

3. 需要收集的设备信息

在调试开始之前,需要参考表 8.2 收集整理调试所需的参数和规划。

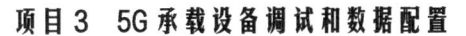

表 8.2 需要收集的设备信息

项目总体信息	项目的时间要求、用户的特殊要求、相关设备的安装情况和互联情况、设备软件版本与网管版本配套
网络规划信息	网络拓扑图
	业务需求
	DCN 管理规划：ZXCTN 6700 支持 DCN P2P 方式和 DCN ETH 方式管理。采用 DCN P2P 方案时无须规划 VLAN，默认使用 VLAN 4094，但是需要规划 DCN 管理 IP 地址及路由，管理 IP 地址默认为 0.0.0.0；采用 DCN ETH 需要规划接口 VLAN 和 IP 地址
	IP 地址规划：仅需规划 5G 承载设备之间直连的 IP 地址，接入网需要规划 Qx 口的 IP 地址
	网元接口规划：ZXCTN 6700 所有的接口都是 L3 接口，直接在接口下配置 IP 地址，类似于路由器的接口
	环回地址：环回地址和管理 IP 地址相同

4．调试工具

开始设备调试前需要准备好以下工具和仪表，仪表应经国家计量部门调校合格。

（1）安装有超级终端和 UME 客户端的计算机。

（2）安装有 UME 服务端软件的服务器。

（3）与设备配套的串口线，倘若笔记本计算机没有串口线，需携带 USB（Universal Serial Bus，通用串行接口）转串口的配线。

（4）通用工具：十字螺钉旋具、一字螺钉旋具、斜口钳、尖嘴钳、剥线钳、压线钳、防静电手环、尾纤、网线等。

（5）常用仪表：光功率仪、接地电阻测试仪、万用表、Spirent-9000A 或 IXIA 等网络测试仪表。

5．设备检查

设备检查也是在开始操作前必须准备的一项环节，在开始操作前，必须严格按照表 8.3 中的项目进行全面检查。

表 8.3 设备检查表

检查项目	检查标准
机柜	① 机柜接地线缆安装正确。 ② 机柜内没有其他杂物。 ③ 防静电手环连接端应在 ESD 插孔中，且不能挪作其他用途。 ④ 绝缘板、绝缘垫正确安装
子架和单板	① 子架接地线的连接正确无误。 ② 子架内的空板位清洁无杂物，并安装有假面板。 ③ 走线槽应无破损。 ④ 子架各组件的安装位置不影响设备出线和维护操作。 ⑤ 单板拔插顺畅。 ⑥ 单板型号与主机框和主控的型号配套
电缆	① 电缆规格和型号正确，能满足设备运行和设计要求。 ② 电缆的连接关系正确，无错接、漏接。 ③ 电缆标签粘贴正确。 ④ 子架各组件的安装位置不影响设备出线和维护操作
尾纤	① 布放与设计相符。 ② 尾纤两端标签填写正确清晰。 ③ 尾纤与光接口板和法兰盘等连接件连接可靠
标签	硬件安装和标签粘贴完成后，检查标签。确认标签的粘贴关系正确，无错贴、漏贴

8.4 任务实施

（1）安全注意事项。根据安全注意事项检查机房设备是否已符合安全要求。
（2）收集设备信息。在调试开始之前，需要收集设备信息。
（3）准备配置数据。依据收集到的设备信息、项目信息制定配置规划。
（4）准备调试工具。
（5）检查设备状态。设备运行之前检查各类安装、线缆连接等是否完整、正确。
（6）设备上电。设备上电步骤包括一次电源测试、机柜加电、风扇测试及单板状态检查，具体操作步骤如下。

① 一次电源测试。

设备上电前，需要测试一次电源，以确保机房、机柜和设备的电源开关、电源输入、接地系统等都正常。

a．确认机房为设备供电的回路开关及电源分配箱的断路器处于断开状态。
b．用万用表测量设备电源输入端正负极无短路，核查端子标识正确无误，确认系统工作接地已正确连接，无误后接通为设备供电的回路开关。
c．在 5G 承载设备侧用万用表测量一次电源电压，确认其极性正确，且电压值在-57～-40V 范围内。
d．用万用表测量防雷保护地、系统工作地和-48V RTN 三者之间的电压差小于 1V。

② 机柜加电。

机柜加电前，需要先拔出单板；加电后，需要检查 5G 承载设备是否正常通电。

a．佩戴防静电手环，将子架接口区的所有单板拔出到浮插状态，电源板无须拔出。
b．接通 5G 承载设备电源分配箱中的断路器。

如果机柜顶部告警灯板上的绿灯长亮，说明一次电源接入设备成功。
如果出现绿灯不亮等异常情况，应立即断电，进行故障处理。

③ 风扇测试。

说明：机柜正常加电后，应检查风扇子架是否正常工作，同时初步验证设备内部的电源连接是否正常。

a．接通电源分配箱的断路器。
b．观察风扇运转情况。

如果风扇运转异常，应立即停电检查。
如果风扇不运转，应检查风扇电缆是否连接正确。
说明：风扇正常运转时只有均匀的嗡嗡声。

④ 单板状态检查。

佩戴防静电手环，将单板依次插入指定槽位，观察各单板上的运行指示灯 RUN 状态是否正常，以此来判断单板工作状态是否正常。如果单板指示灯状态有异常须立即断电加以处理。

任务实施记录单

班级_____ 学号_____ 姓名_____

操作	标准要求	注意事项
一次电源测试		
机柜加电		
风扇测试		
单板状态检查		

任务 9 5G 承载设备单站调试

9.1 任务描述

5G 承载设备单站调试的流程如图 9.1 所示，通过命令行或网管直接配置等方式完成 5G 承载设备的单站调试。

扫一扫看 5G 承载设备单站调试教学课件

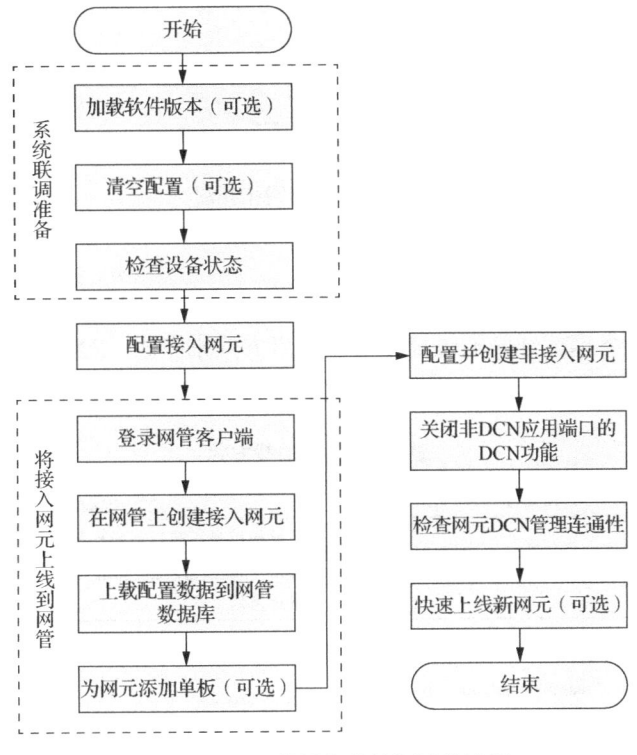

图 9.1 5G 承载设备单站调试的流程

9.2 任务目标

（1）了解加载版本文件的方法；
（2）掌握命令行配置接入网元的方法；
（3）掌握在网管上配置接入网元的方法。

9.3 知识准备

1. 配置接入网元前的准备工作

（1）自行清空设备配置，或者设为出厂默认配置。
（2）设备上电可以正常运行且光路正常。
（3）计算机中安装有超级终端和 UME 客户端，并且具有与设备配套的串口线。
（4）获取网络规划信息。
接入网元需要用的数据如表 9.1 所示。

表 9.1 接入网元数据规划表

网元	IP 地址
网管	198.8.8.5/24
接入网元	MNP IP：198.2.1.151
	Qx IP：198.8.8.18/24

SPN 组网拓扑图如图 9.2 所示。

图 9.2　SPN 组网拓扑图

2．设备清库原理

清空配置是指清除设备上所有的配置数据，使设备恢复到出厂初始状态。

目前 5G 承载设备清库通常通过修改设备重启方式来完成，ZXCTN 6700 重启时数据的加载方式有 4 种，加载方式和对应说明如表 9.2 所示。

表 9.2　设备加载方式

加载方式	命令行	说明
最小配置加载	load-mode mini-txt	仅加载单板插板信息、端口信息及端口速率和工作模式（ETH 模式或 FlexE 模式）。已经被管理的网元，如需清除配置，建议采用最小配置加载方式进行重启
空加载	load-mode noload	设备下次启动时不加载 DB，并且 CF/SSD 卡中的配置数据会被删除，相当于清除了所有配置。但 DCN 的相关信息仍然会加载。ETH 端口 DCN 功能不会有影响，但是对 VEI 接口的 DCN 会有影响，可能会影响网元管理
TXT 重启加载	load-mode txt	和其他 CTN 产品的 startrun 加载方式一样，常常在升级时使用
ZDB 重启加载	load-mode zdb	读取并加载 ZDB 数据库方式重启，重启后所有配置将会保留

空配置加载重启方式仍然会加载与 DCN 相关的配置，ETH 端口 DCN 不会有影响，但是对 VEI 接口的 DCN 会有影响，可能会影响网元管理。

因此，空配置启动设备建议在以下情况中使用，否则可能造成设备脱管。

（1）设备通过串口方式连接。

（2）设备通过 DCN 方式管理，且 DCN 端口使用以太模式。

已被网管管理的网元，如果需要清除配置，建议采用 load-mode mini-txt 方式进行重启。对于网管已经接管但未修改端口默认工作模式的网元，或在机房串口线连接设备的情况，仍然可以采用 load-mode noload 方式进行清库重启。

ZXCTN 6700-12 单板需要实际安装单板和应安装单板状态都正常才能正常工作。对于新安装且需要调整单板出厂槽位的设备，为了恢复应安装单板状态，并保证 DCN 通道正常，避免二次下站，需要在进行完槽位调整且正常连线后，对设备进行清库重启操作。

9.4 任务实施

1. 连接设备

连接 PC（Personal Computer，个人计算机）和 ZXCTN 6700 设备。使用串口线一端的串口连接网管计算机，另一端的网口连到设备的 CON 口上。

（1）在 PC 上启动超级终端：以 Windows 操作系统为例，选择"开始"→"程序"→"附件"→"通讯"→"超级终端"选项，弹出"连接描述"对话框，如图 9.3 所示。

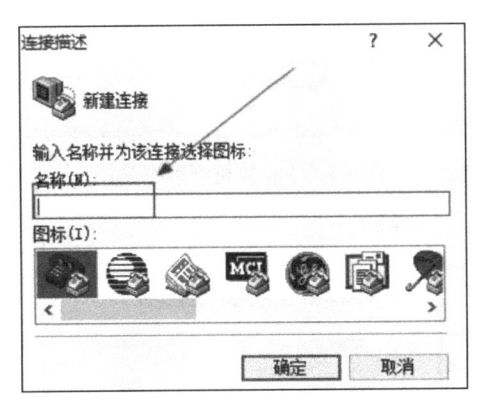

图 9.3 "连接描述"对话框

（2）在"名称"文本框中输入新建连接的名称（如 ZXCTN），单击要选择的图标。

（3）单击"确定"按钮，弹出"连接到"对话框，如图 9.4 所示。

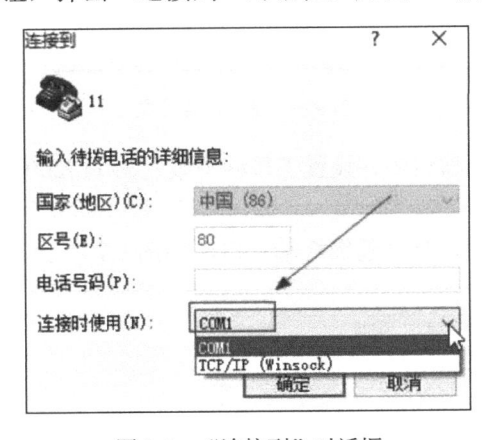

图 9.4 "连接到"对话框

（4）根据串口线连接的 PC 串口，在"连接时使用"下拉列表中选择相应的串口（如 COM1），然后单击"确定"按钮。如果不知道对应的串口号，可以通过以下方法查询：在 PC 桌面上，右击计算机，在弹出的快捷菜单中选择"管理"选项，打开"计算机管理"窗口，如图 9.5 所示。在左侧导航树中，选择"系统工具"→"设备管理器"选项，在打开的页面中查看端口→通信端口路径下的串口号（如 COM1），然后打开如图 9.6 所示的界面。

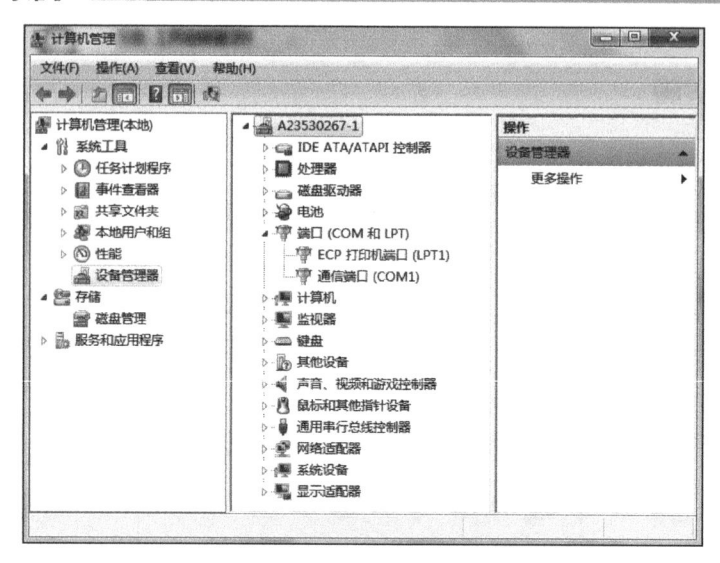

图9.5 "计算机管理"窗口

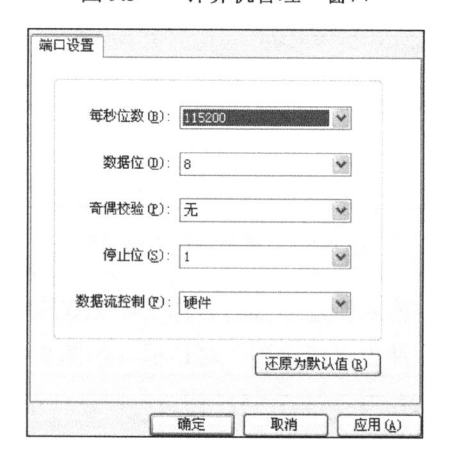

图9.6 端口设置界面

(5)在"端口设置"选项组中,设置"每秒位数"为115200,其他选项使用默认值,如图9.6所示。

(6)单击"确定"按钮,打开超级终端窗口,如图9.7所示。

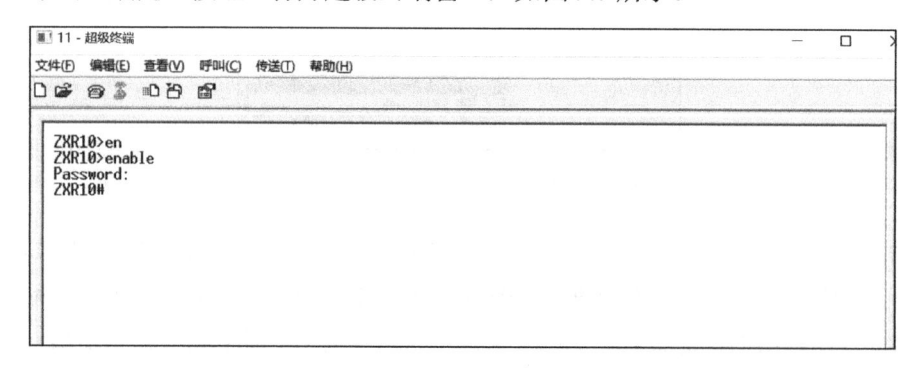

图9.7 超级终端窗口

当超级终端窗口中,显示"ZXR10>"提示符时,表示PC已经成功连接设备。

（7）进入特权模式（最高特权等级默认为15级）。

进入特权模式的密码是 zxr10，区分大小写：

```
ZXR10>enable 15
Password: zxr10
ZXR10#
```

在不同模式下，所能执行的命令不一样。在特权模式下，只能进行系统操作，不能进行配置。在特权模式下，输入"configure terminal"，进入提示符为"ZXR10(config)#"的全局配置模式。

```
ZXR10#configure terminal
ZXR10(config)#
```

全局模式可以进行设备的基本数据配置，接下来就可以对6700进行初始化配置了。

2. 设备清库

（1）在配置模式下，设置设备启动方式为 noload，进行清库操作。

```
ZXCTN#configure terminal
ZXCTN(config)#load-mode ?
mini-txt  Trigger the minimum set txt file generation, and load configuration
from command-line txt file
//最小配置加载,仅加载单板插板信息、端口信息、端口速率和工作模式（ETH 模式或 FlexE 模式）
noload   Start up with no configuration
//空配置加载,仅保留 DCN 相关配置（不包含 VEI DCN 配置）
txt  Load configuration from command-line txt file
zdb  Load configuration from binary database file
    ZXCTN(config)#load-mode noload
```

（2）查询加载模式是否设置正确。

```
ZXR10#show load-mode
    noload
ZXR10#
```

（3）重启设备加载空库，完成设备数据清空。

```
ZXR10#reload system force·············6180H 设备重启命令为 reload system
The slave sc does not exist, and proceed with reload system? [yes/no]:y
```

（4）打开用户配置模式。

设备重启后，执行"user-configuration enable"命令，打开用户配置模式。否则，无法通过命令行控制设备。另外，在配置模式下输入此命令，同时也可以做单板发现。

```
ZXCTN#configure terminal
ZXCTN(config)#user-configuration enable
```

（5）将启动方式更改为数据库加载方式。

```
ZXR10(config)#load-mode zdb
```

为了确保设备重启后配置能够保存,需要修改设备下次启动方式为 ZDB 重启。

(6)退回到特权模式下,将空配置写入数据库。

```
ZXR10#write
     Write DB OK!
```

(7)执行自动发现单板接口。

在配置模式下,执行"manual-discovery all"命令自动发现单板接口。当前版本中设备 noload 重启后,设备无法自动生成接口。在开局调试或设备替换时,若无法通过网络管理系统(NMS)下载配置库,则可以输入"user-configuration enable"和"manual-discovery all"命令自动发现单板接口,或再次重启设备自动生成接口。如果采用再次重启设备的方式,则重启时必须采用 ZDB 加载方式。

```
ZXCTN#configure terminal
ZXCTN(config)#manual-discovery all
```

至此,设备已完成清库操作。

3. 检查设备状态

设备正常上电运行后,还需要检查设备单板和端口的具体状态信息,包括所插单板运行状态、所用物理端口工作状态及以太网接口的 ARP 表项等。具体步骤如下。

(1)执行"show processor"命令检查所插单板状态是否为 up,以及 CPU(Central Processing Unit,中央处理器)使用率的状况。

能查询到 CPU 使用率状况的单板状态为 up。

```
ZXCTN#show processor
==============================================================
Character: CPU current character in system
MSC      : Master-SC in Cluster System
SSC      : Slave-SC in Cluster System
N/A      : None-SC in Cluster System
CPU(5s)  : CPU usage ratio measured in 5 seconds
CPU(1m)  : CPU usage ratio measured in 1 minute
CPU(5m)  : CPU usage ratio measured in 5 minutes
Peak     : CPU peak usage ratio measured in 1 minute
PhyMem   : Physical memory (megabyte)
FreeMem  : Free memory (megabyte)
Mem      : Memory usage ratio
==============================================================
         Character CPU(5s) CPU(1m) CPU(5m) Peak PhyMem FreeMem Mem
==============================================================
PFU-1/2/0    N/A    11%     12%     11%    16%  1571   1074   31.636%
--------------------------------------------------------------
-----
```

```
PFU-1/3/0      N/A    17%   16%   16%   17%   1571    1055    32.845%
----------------------------------------------------------------------
PFU-1/4/0      N/A    18%   18%   17%   19%   1571    1042    33.673%
----------------------------------------------------------------------
PFU-1/17/0     N/A    11%   11%   11%   12%   1571    1076    31.509%
----------------------------------------------------------------------
PFU-1/46/0     N/A    9%    9%    9%    11%   1979    1921    2.931%
----------------------------------------------------------------------
MPU-1/50/0     MSC    3%    3%    3%    3%    15905   14478   8.972%
----------------------------------------------------------------------
MPU-1/41/0     SSC    3%    3%    3%    3%    15905   14478   8.972%
----------------------------------------------------------------------
PFU-1/111/0    N/A    3%    3%    3%    3%    1571    1258    19.924%
```

根据上述打印结果显示，可以知道设备的 PFU 业务板、SFU 交换板、MPU 主控板、MSC 主用主控板都启用了。

（2）执行"show ip interface brief"命令检查 IP 地址/掩码是否正确，接口是否激活。

```
ZXCTN#show ip interface brief
Interface          IP-Address      Mask             Admin   Phy   Protocol
xgei-1/3/0/1       unassigned      unassigned        up     up    up
xgei-1/3/0/2       200.30.2.3      255.255.255.0     up     up    up
xgei-1/3/0/3       unassigned      unassigned        up     up    up
xgei-1/3/0/4       unassigned      unassigned        up     up    up
```

上述打印结果的字段解释如表 9.3 所示。

表 9.3 接口字段说明

字段	解释
接口后的数字	机架号（默认为1）/槽位号/CPU 号（默认为0）/接口号
Admin	up 表示接口的管理状态是可用的，down 表示不可用。可以在接口模式下使用 no shutdown 将管理状态设为可用，使用 shutdown 将管理状态设为不可用，默认为可用状态
Phy	up 表示物理状态激活，down 表示物理未连接或异常。为 down 时需要检查网线或光纤
Protocol	up 表示链路层协议可用，down 表示不可用。为 down 时需要检查配置

（3）执行"show interface description"命令检查各工作端口的状态信息是否正常。

```
ZXCTN#show interface description
Interface          AdminStatus     PhyStatus    Protocol    Description
xgei-1/3/0/1          up              up           up         none
xgei-1/3/0/2          up              up           up         none
xgei-1/3/0/3          up              up           up         none
```

```
xgei-1/3/0/4                up             up             up
```

（4）执行"show interface xgei_1/x/0/x"命令检查某个端口是否运行正常、收发包的具体流量、是否收到错包等。

如果出现大量 CRC（Cyclic Redundancy Check，循环冗余检验）错误，请检查网线或光功率是否符合要求。当需要重新计算接口收发包的数量时，可以使用"clear statistics interface"命令清除统计数据。

（5）执行"show arp"命令检查以太网接口的 ARP 表项。

```
ZXCTN#show arp
Arp protect whole is disabled
The count is 19
IP                    Hardware                          Exter    Inter    Sub
Address      Age      Address       Interface           VlanID   VlanID   Interface
-----------------------------------------------------------------------------
100.1.10.2   00:05:38 0010.9400.0009 fei-1/6/0/8.1   1        N/A fei-1/6/0/8.1
14.0.0.2     P        0000.0000.0012 xgei-1/10/0/4   N/A      N/A N/A
10.0.0.6     P        0001.0200.0e01 gei-1/11/0/1    N/A      N/A N/A
10.10.1.2    00:05:58 0010.9400.0002 gei-1/11/0/2    N/A      N/A gei-1/11/0/2
10.10.2.2    00:05:58 0010.9400.0002 gei-1/11/0/3    N/A      N/A gei-1/11/0/3
13.13.13.2   P        0001.0200.0d01 gei-1/11/0/7    N/A      N/A N/A
100.1.16.6   00:00:59 0001.0200.0f01 gei-1/11/0/9.1  1        N/A gei-1/11/0/9.1
```

说明：Age 为"H"表示这个 IP 地址是路由器自身接口上的；Age 为"P"表示这个 ARP 为手工静态配置，应检查是否有对端的 ARP 表项，如果没有，则需要检查对端地址是否配置正确。Age 为一串时间数字如"00:05:38"表示此条表项是通过 ARP 学习功能学习到的，并标识出了已学习到的时间。

4．接入网元 DCN 配置

（1）在全局配置模式下进入 DCN 配置模式，设置网元管理 IP 地址。

```
ZXR10(config)#dcn
ZXR10(config-dcn)#mngip 192.2.1.151 255.255.255.255
```

（2）设置 Qx IP 地址。

```
ZXR10(config-dcn)#qx 10.1.1.1 255.255.255.0 0203.0405.a1a1 1 1 0.0.0.0
```

注意：

① Qx 口 IP 地址，只有接入网元才需要配置。

② Qx 口 MAC 地址，默认为网元基地址。当读基 MAC 地址失败时，计算方法为 00:19:C6:AA:BB:CC。其中，AA、BB、CC 是管理 IP 地址的低 3 字节。在配置过程中，如果不希望修改，只需要把"show lacp sys-id"信息复制过来即可。

③ Qx 口使能 OSPF（Open Shortest Path First，开放最短通路优先）协议。1/0 表示 Qx 口使能/去使能 OSPF 协议。一般来说，只要配置了 Qx 口，默认都使能 OSPF。

④ OSPF 区域号，6700 默认为 0.0.0.0。6180H 默认为 2.0.0.0。

(3)检查管理 IP 地址的配置。

在配置完成之后,可以通过如下命令检查确认。

```
ZXR10#show dcnbaseinfo
global: 1
   qxip          qxipmask          qxmac                    qxospfenable    qxflood
qxospfarea  mngip       mngipsubfix       ospfare
   10.1.1.1      255.255.255.0     0203.0405.a1.a1          1               1
0.0.0.0       192.2.1.151 255.255.255.255    0.0.0.0
```

(4)(可选)配置路由。

当网管服务器有客户端时,需要为网管服务器和客户端之间配置路由。如果没有配置客户端,则无须配置路由。

① 在接入网元设备上配置以下静态路由并执行"redistribute static"命令进行 DCN 静态路由重分发。

```
6700-1(config-dcn)#static route dest-ipaddr 10.8.8.0 dest-mask 255.255.255.0
nexthop-ipaddr 198.8.8.5    //添加到网管服务器的静态路由
   6700-1(config-dcn)#redistribute static    //DCN 静态路由重分发
```

② 在客户端的计算机上执行"route add"命令添加客户端指向接入网元的管理 IP 地址的静态路由。

假设 10.8.8.1 为网管服务器与客户端直连的接口 IP 地址。

```
route add 198.2.1.0 mask 255.255.255.0 10.8.8.1 -p
```

5.在网管平台增加网元

1)登录 UME 网管页面

确保网管计算机可以访问(ping 通)UME 的 Qx IP 地址(以 10.1.1.200/24 为例),在谷歌浏览器的地址栏中输入网址 https://129.120.55.132:28001/portal-athena/,打开网管界面后输入账号和密码进行访问,如图 9.8 所示。

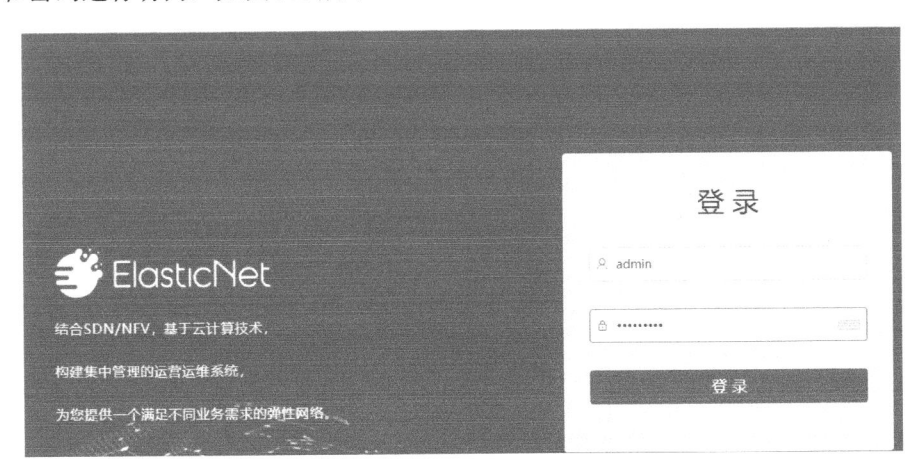

图 9.8 登录 UME 网管页面

注意：

① 现在的 UME 需要有 NetNumen U31 网管的配合才能正常使用，因此需要启动 U31 并打开 WebSwing 插件才可以正常使用 UME。

② 操作人员需要具有"系统操作员"及以上的网管用户权限。

进入"我的工作台"界面，选择"拓扑"→"多维拓扑"选项，进入拓扑视图，如图 9.9 所示。

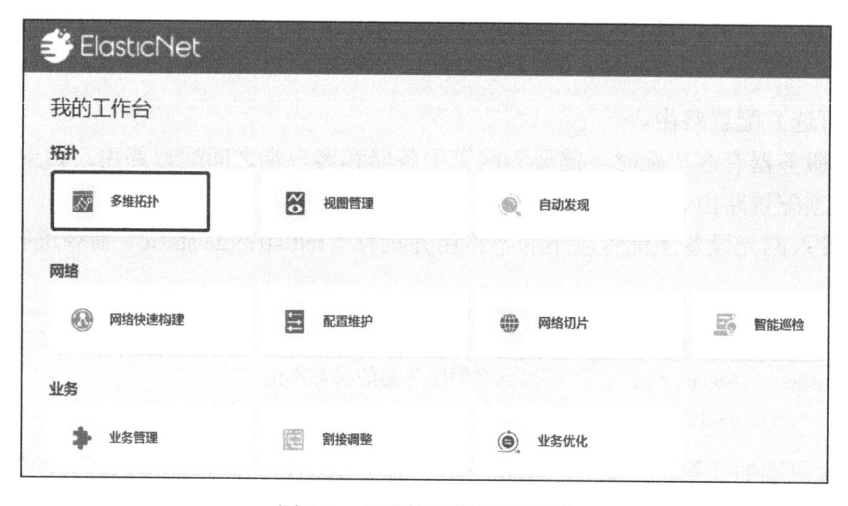

图 9.9　"我的工作台"界面

2）新建 SPN 网元

在 UME 多维拓扑视图的空白处右击，在弹出的快捷菜单中选择"创建网元"选项，如图 9.10 所示。

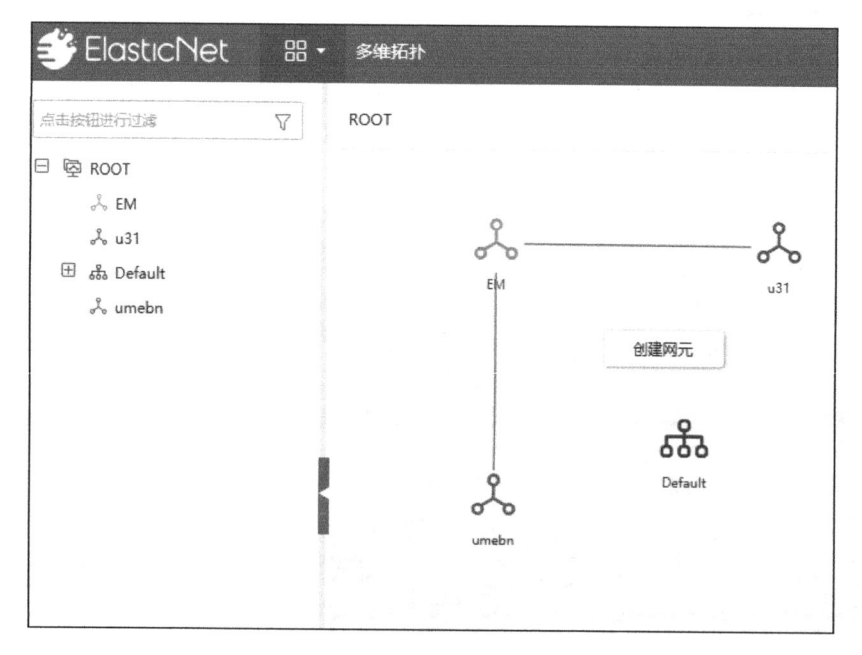

图 9.10　创建网元

项目 3　5G 承载设备调试和数据配置

在左侧的对象类型树中选择"分组传送产品"→"CTN"→"ZXCTN 6700-12"选项（按需选择设备型号），在右侧的"基本属性"选项组中输入网元名称、IP 地址、子网掩码、硬件版本及接口版本等关键信息，如图 9.11 所示，然后单击"创建"按钮即可。

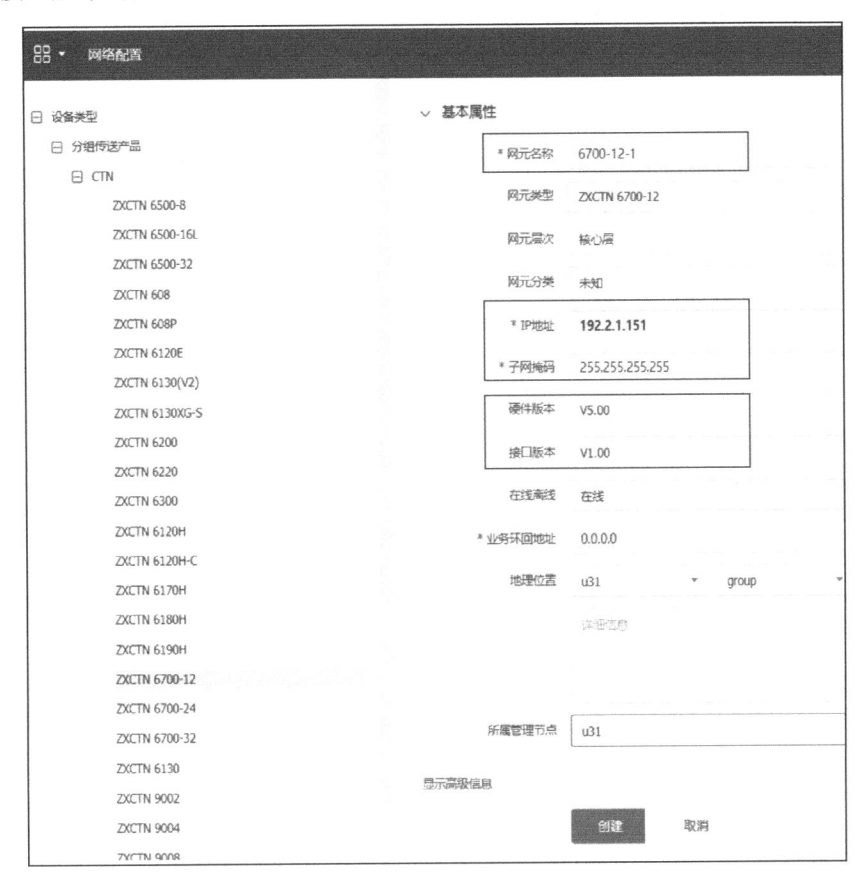

图 9.11　输入网元信息

3）密码重置

6700 系列在设备清库之后，再次 WcbCrt 登录设备时，需要重新设置设备用户名与密码，默认用户名为 who，密码为 Who_1234；重新设置密码建议为 Who_12345，区分大小写，如图 9.12 所示。

图 9.12　密码重置

4）重置密码后进行同步操作

6700 系列在设备清库重置密码成功后，需要在网元属性界面将密码信息进行同步，否则 UME 上会显示设备断连提醒，如图 9.13 所示。

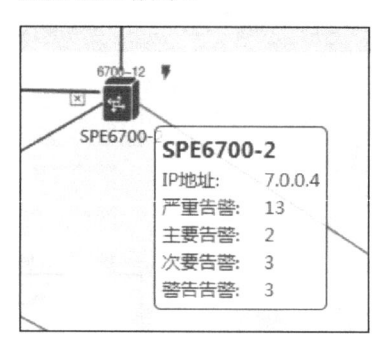

图 9.13　设备断连提醒

执行"网元属性"→"显示高级信息"→"Telnet/SSH 属性"命令，出现如图 9.14 所示的界面，输入登录密码为 Who_12345。

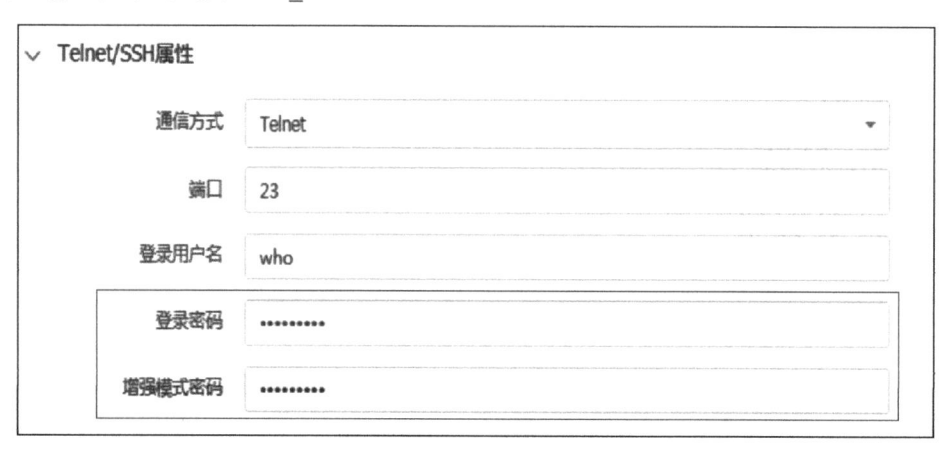

图 9.14　密码重置同步操作

5）上载配置数据到网管数据库

本操作是将初始化后的设备配置数据上载到网管数据库中，保证设备单板上的配置数据与网管数据库中的配置数据一致。具体步骤如下。

（1）在 ZENIC ONE R22 网管多维拓扑视图中，右击目标网元，在弹出的快捷菜单中选择"数据同步"选项，打开数据同步窗口。

（2）在"上载入库"选项卡中，选择需要上载数据的网元。

（3）单击"上载入库"按钮，在弹出的确认提示对话框中单击"是"按钮，开始上载数据。

（4）数据上载完成后，在弹出的提示对话框中单击"确定"按钮，数据上载成功，如图 9.15 所示。

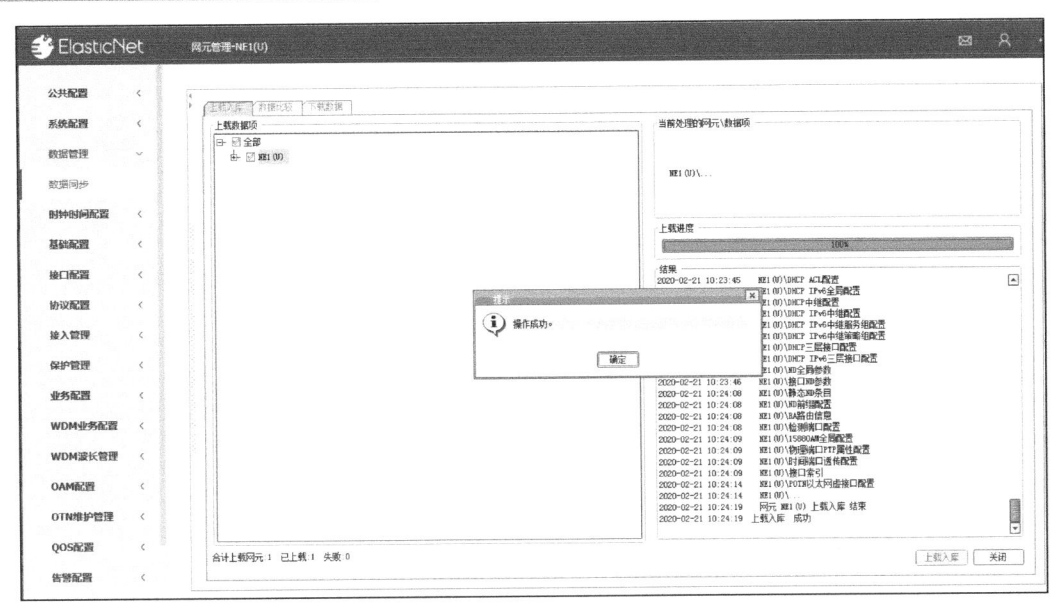

图 9.15　上载网元数据

6）业务环回地址修改

前面提过设备需要有一个管理 IP 地址方便网管服务器能够远程管理和配置下发，事实上，除了管理 IP 地址还不够，每一台设备还需要一台业务环回地址，用于控制面业务路由的计算，这样做的目的是防止控制面崩溃之后，不会影响管理面，也就是我们常说的管理、控制、数据三平面相互独立。

业务环回地址可以理解为创建 L3VPN 时网元的 Peer IP 地址，与网元的控制面 IP 地址、SR Node Prefix IP 地址、环回接口 IP Loopback1 地址一致。具体操作如下：

（1）回到多维拓扑视图，右击网元，在弹出的快捷菜单中选择"网元属性"选项，如图 9.16 所示。

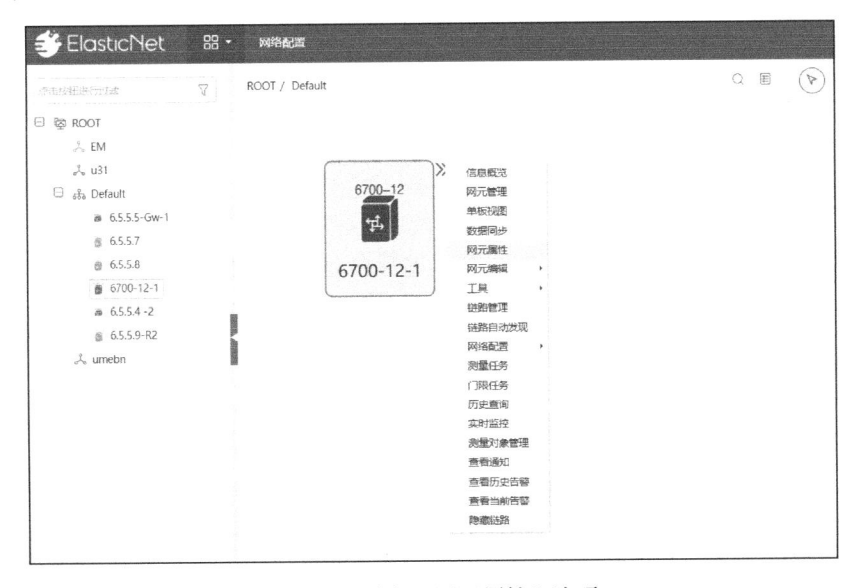

图 9.16　选择"网元属性"选项

（2）在弹出的对话框中修改"业务环回地址"，保证业务环回地址全网唯一且与网元管理 IP 地址不同，但与网元控制面的 IP 地址相同，如图 9.17 所示。

图 9.17　修改业务环回地址

7）配置单板

网元创建完成后，一般情况下可在网管上进行自动发现单板操作。由网管自动搜索设备上实际安插的单板，根据搜索结果在网管上自动创建单板。但有些时候，出于软件版本不配套或硬件识别错误等原因，自动添加单板无法起作用，这时可以手动添加单板，这里先介绍自动添加单板的方法，具体步骤如下。

（1）自动添加单板。

① 在拓扑管理视图中，右击拓扑图中待添加单板的网元，在弹出的快捷菜单中选择"打开机架图"选项，进入机架图界面，如图 9.18 所示。

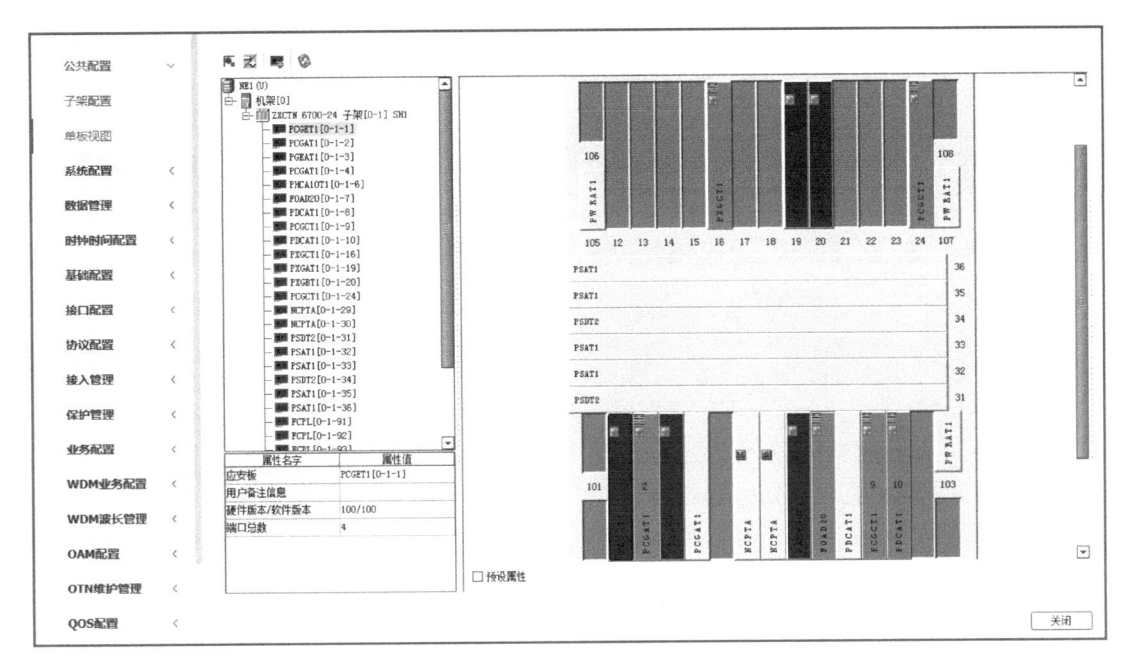

图9.18 单板视图

② 根据不同情况，选择执行相应的操作。

a．自动发现单个槽位单板，右击需要添加单板的槽位，在弹出的快捷菜单中选择"单板自动发现"选项，进入单板自动发现界面。

b．自动发现所有槽位单板，在机架图工具栏中，单击 ![] 按钮，进入单板自动发现界面。

③ 单击"校正"按钮，在弹出的对话框中输入验证码，单击"确定"按钮，网管对自动发现的单板进行校正。校正完毕，网管显示自动发现单板的机架/子架/槽位编号、网管单板类型、设备应安装单板类型和设备实际安装单板类型，后三者应该一致。同时网管弹出操作成功的提示对话框。

④ 单击"确定"按钮，关闭提示对话框。

⑤（可选）如果需要进行单板数据同步，则单击"数据同步"按钮。

⑥ 单击"关闭"按钮，返回机架图界面。

（2）手动添加单板。

① 在 ZENIC ONE R22 网管多维拓扑视图中，右击目标网元，在弹出的快捷菜单中选择"单板视图"选项，如图9.19所示，进入单板视图界面。

② 在工具栏中，单击 ![] 按钮，显示插板工具面板。

③ 在插板类型界面，单击待插入单板，子架上的相关槽位自动显示为黄色，提示所选单板只能插入黄色槽位，单击任一黄色槽位，安装单板，如图9.20所示。

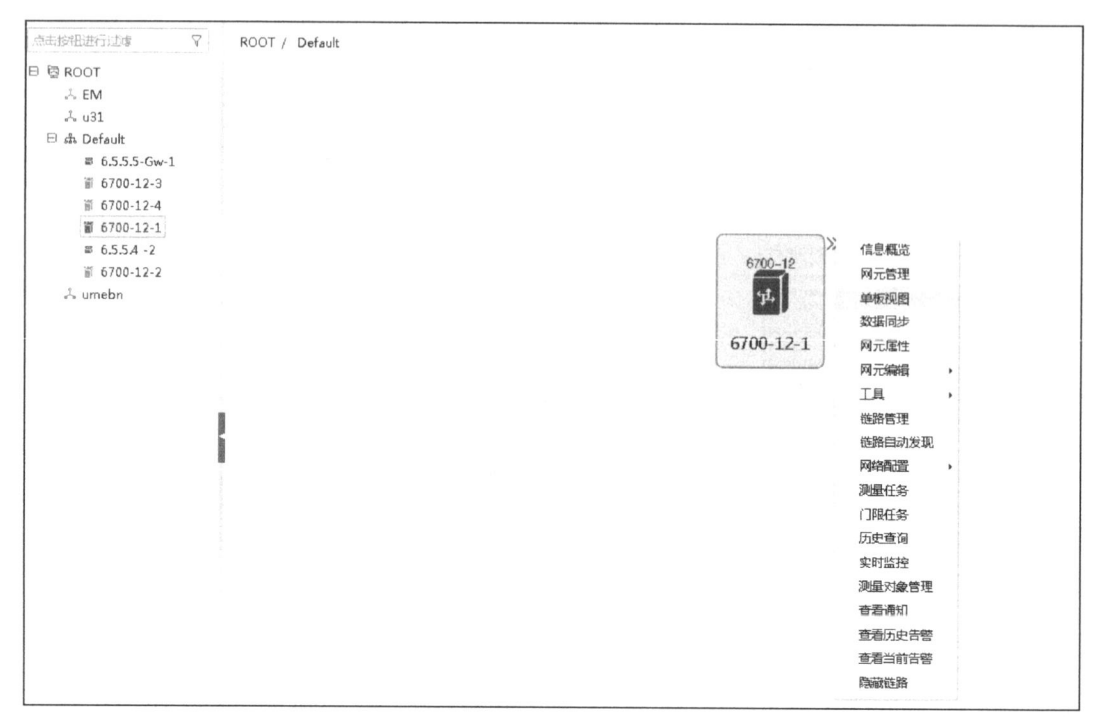

图9.19 选择"单板视图"选项

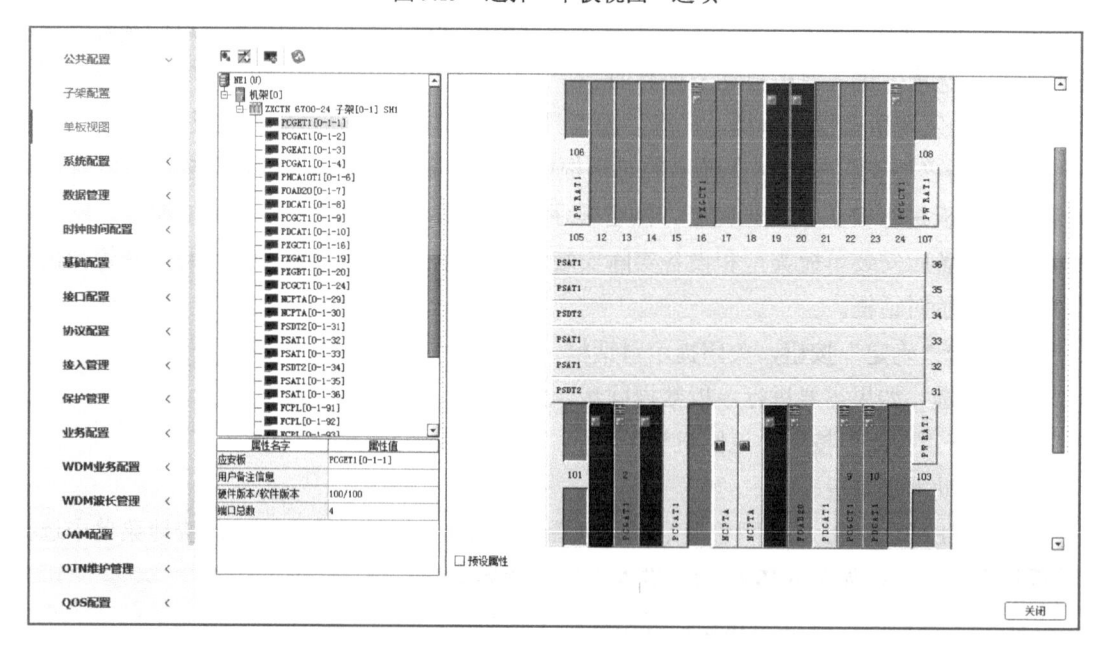

图9.20 手动添加单板

添加单板的另一种方式：右击子架上的空闲槽位，在弹出的快捷菜单中选择"插板"选项，选择需要添加的单板。

添加单板时，若需要设置单板属性，则需选中左下角的"预设属性"复选框，在弹出的单板预设属性对话框中设置单板属性。否则单板按默认属性添加。

任务实施记录单

班级_____ 学号_____ 姓名_____

操作	标准要求	注意事项
连接设备		
设备清库		
检查设备状态		
接入网元 DCN 配置		
在网管平台增加网元		

任务 10 5G 承载设备对接调试

10.1 任务描述

本任务主要介绍如何利用 ZXCTN 6700 远程开启其他 5G 承载设备，完成对接调试。

10.2 任务目标

（1）了解对接调试的定义；
（2）掌握对接调试的方法。

10.3 知识准备

对接调试就是接入网元与非接入网元之间的调试，即监控管理的配置。目前监控管理有以下两种方式。

（1）DCN ETH：当 ZXCTN 6700 与 ZXCTN 6000、ZXCTN 9000 等 ROS 平台设备对接时，互连接口需要采用 DCN ETH 管理方式（指定接口 IP 地址及封装 VLAN），采用以太网封装方式。后续将介绍命令行方式的配置过程。

（2）DCN P2P：当网络中网元设备均支持 DCN 功能时，采用 DCN P2P 管理方式。DCN P2P 方式方便快捷，所有互连网元之间无须配置 IP 地址，只需要通过接入网元逐跳为邻接网元配置 MNGIP 和 OSPF 区域，下游网元即可被管理上。采用 PPPoE 封装方式。后续将介绍网管方式的配置过程。

这两种监控方式之间的差异如图 10.1 所示。6700-1 和 6700-3 之间使用以太网封装方式，即 DCN MCC（又称 DCN+ETH）监控方式，6700-1 和 6700-2 之间使用 PPPoE 封装方式，即 DCN P2P（又称纯 DCN）监控方式。

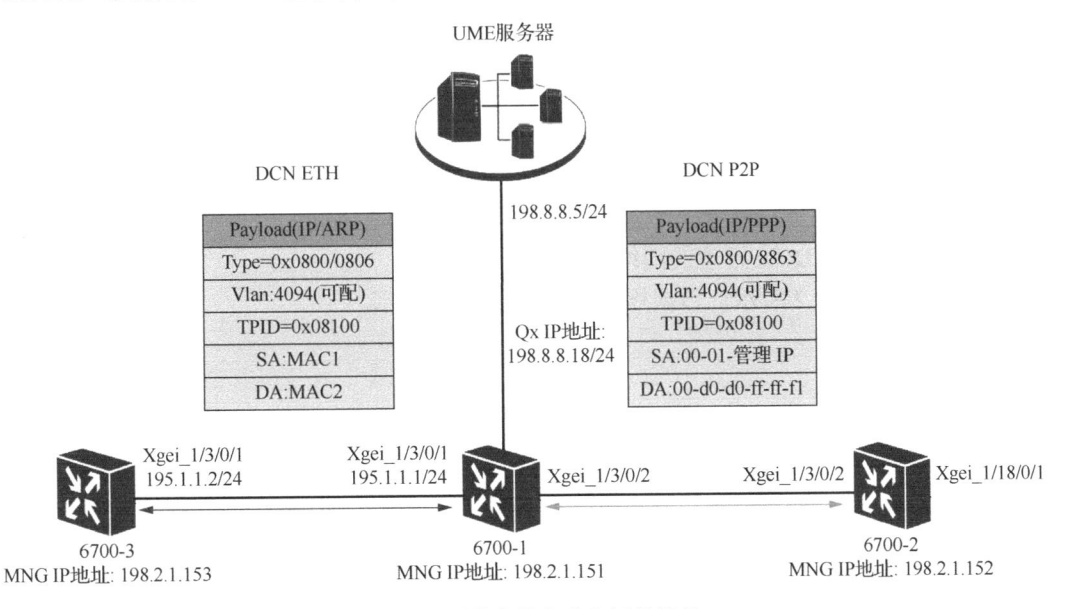

图 10.1 两种监控方式之间的差异

自从引入 FlexE 技术之后，设备通过 DCN（数据通信网）管理时，根据设备所使用的单板接口，就可以分为以太场景和 FlexE 场景。

1）以太场景

在以太场景下，DCN 管理方式主要有 DCN P2P 方式和 DCN ETH 方式两种。两种管理方式的使用说明如表 10.1 所示。

表 10.1 两种管理方式的使用说明

DCN 管理方式	使用说明
DCN P2P	当网络中网元设备均支持 DCN 功能时，采用 DCN P2P 管理方式。DCN P2P 方式方便快捷，所有互连网元之间无须配置 IP 地址，只需要通过接入网元逐跳为邻接网元配置 MNGIP 和 OSPF 区域，下游网元即可被管理上
DCN ETH	当 ZXCTN 6700 与 ZXCTN 6000、ZXCTN 9000 等 ROS 平台设备对接时，互连接口需要采用 DCN ETH 管理方式（指定接口 IP 地址及封装 VLAN）

2）FlexE 场景

在 FlexE 场景下，DCN 管理采用 DCN P2P 方式。

ZXCTN 6700 对于以太（PTN）场景与 FlexE（SPN）场景，在实际业务部署上存在差异，主要区别如表 10.2 所示。

表 10.2 两种场景的区别

项目	以太（PTN）场景	FlexE（SPN）场景
控制平面	通过端口绑定 ARP，直连端口配置 IP 地址后，在本端互相指定对端 MAC 地址，并且将所有端口都互指对端，完成控制平面通畅	通过路由协议或 OSPF、RIP 等动态 IGP 协议来打通控制平面
基础配置	支持基础免配来实现端口间的互通	不支持基础免配，可通过 IGP 来实现端口间的互通
TMP 层	在以太（PTN）场景下，从 ingress PE 到 engress PE 的静态隧道双向标签都通过手工或网管指定的方式实现	在 FlexE（SPN）场景下，静态隧道标签由管控系统统一分配

10.4 任务实施

1. DCN P2P 开局

在以太场景下，使用 ZENIC ONE R22 或 U31 R22 网管的 DCN 便捷开通功能，实现接入网元与非接入网元之间的 DCN 管理通道互通。本任务介绍采用 DCN P2P 方式在网管上配置开通 6700-1 和 6700-2 之间的管理通道，适用于全网使用 DCN 管理的网络场景。

扫一扫看 DCN P2P 开局微课视频

扫一扫看 DCN ETH 开局微课视频

组网规划如图 10.2 所示，数据规划说明如表 10.3 所示。

DCN P2P

198.8.8.5

Qx IP 地址：198.8.8.18

Xgei_1/3/0/2　　Xgei_1/3/0/2

Xgei_1/18/0/1

网管客户端　　网管服务器　　接入网元 6700-1　　6700-2
10.8.8.2　　10.8.8.1　　MNG IP 地址：198.2.1.151　　MNG IP 地址：198.2.1.152

图 10.2 纯 DCN 开局组网规划

项目 3 5G 承载设备调试和数据配置

表 10.3 纯 DCN 开局数据规划

网元名称	数据规划
6700-1（接入网元）	DCN 端口：Xgei_1/3/0/2
	管理 IP（MNG IP）地址：198.2.1.151/32
	Qx 口 IP 地址：198.8.8.18
	业务环回地址：10.2.1.151/32，5G 承载网场景必须确保与 MNG IP 配置不同
6700-2（非接入网元）	DCN 端口：Xgei_1/3/0/2
	管理 IP（MNG IP）地址：198.2.1.152/32
	业务环回地址：22.0.0.1
网管服务器	IP 地址：10.8.8.1
	与接入网元 Qx 口互联地址：198.8.8.5
网管客户端	IP 地址：10.8.8.2

纯 DCN 方式下采用网管的 DCN 便捷开通，不需要对非接入网元配置，使用网管的网元/拓扑连接自动发现功能自动发现网元，网元按照一定的规则计算出自己的管理 IP 地址，并上报网管。设备会确保生成的 IP 地址唯一。

在做此操作之前，必须确保接入网元 6700-1 通过 Qx 口与网管服务器连接，网管服务器已经能够管理接入网元，并且已建立接入网元 6700-1 和非接入网元 6700-2 之间的光纤连接。

具体步骤如下。

（1）使用网管自动发现功能新建非接入网元 6700-2。

① 在主菜单中，选择"自动发现"→"DCN 网元发现"选项，进入 DCN 网元发现界面，如图 10.3 所示。

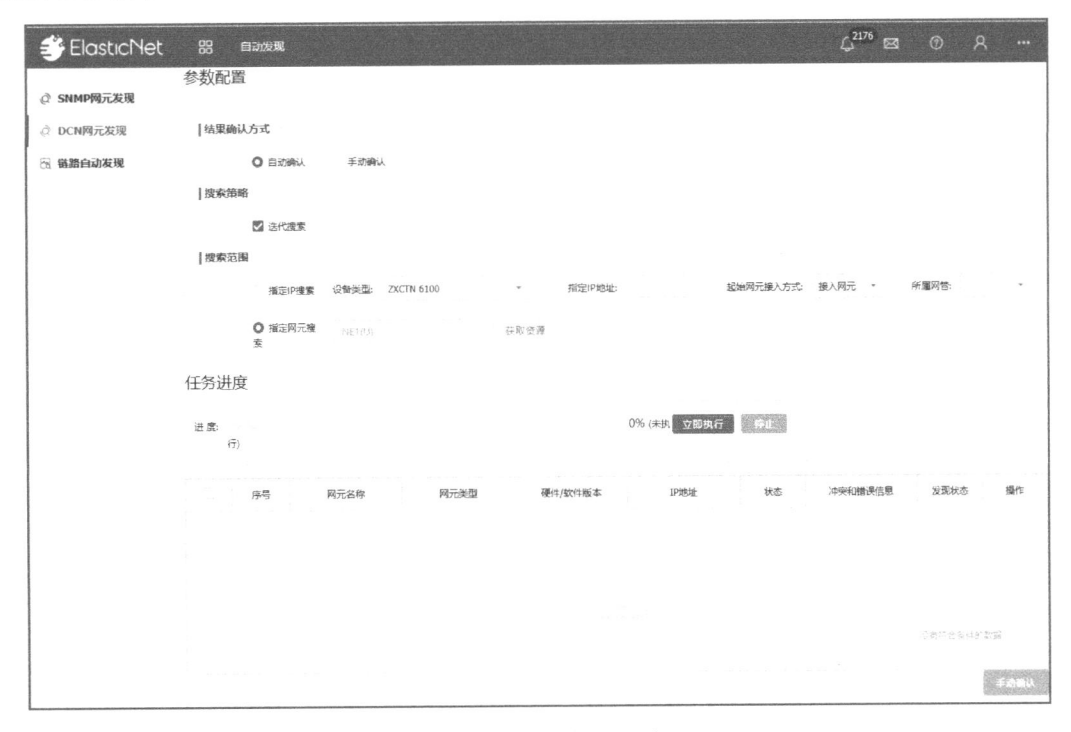

图 10.3 网元发现界面

② 在"搜索策略"选项组中，选中"迭代搜索"复选框。在"搜索范围"选项组中，选中"指定网元搜索"单选按钮，并单击"获取资源"按钮，弹出"选择资源"对话框。选择网元，单击"确定"按钮即可，如图 10.4 所示。

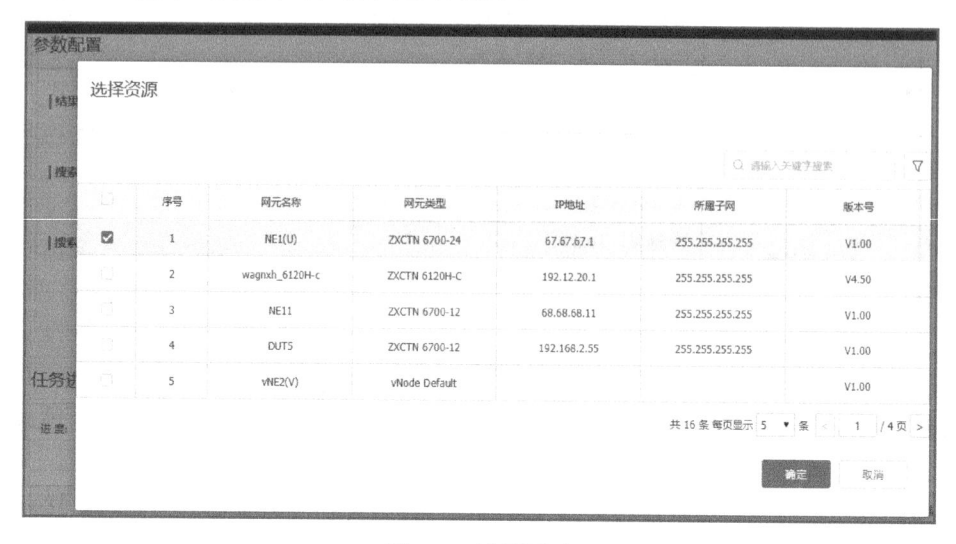

图 10.4 选择网元

③ 在返回的网元自动发现界面单击"立即执行"按钮，网管会自动发现网元，执行完成后，网元也会同步创建，无须人为操作，如图 10.5 所示。

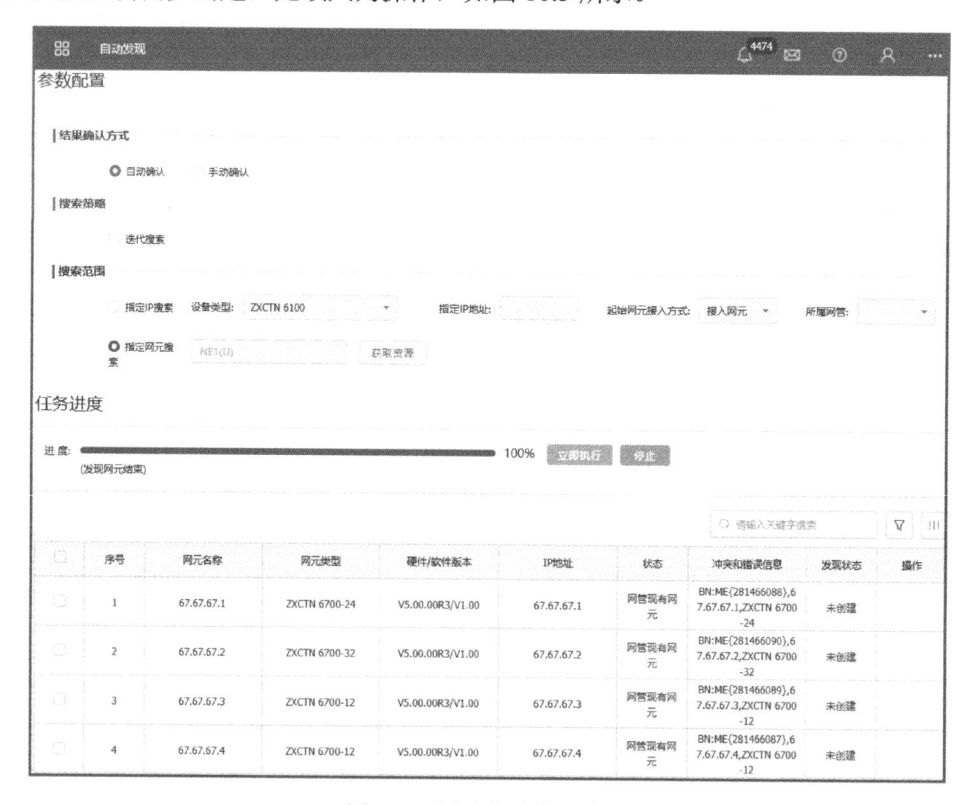

图 10.5 网元自动发现结果

同步创建的网元按照一定的规则计算出自己的管理 IP 地址,并上报给网管。网管会确保自动生成的管理 IP 地址的唯一性。

(2) 修改非接入网元 6700-2 的管理 IP 地址。

使用网管自动发现功能创建网元后,设备会根据相应算法自动计算出各自的管理 IP 地址。如果需要采用现场规划的管理 IP 地址,可以执行以下步骤进行修改。

① 在多维拓扑视图中,右击目标网元,在弹出的快捷菜单中选择"网元管理"选项,进入网元管理界面。

② 在左侧网元操作导航树中,依次展开"系统配置"→"DCN 本端高级配置",进入 DCN 本端高级配置界面。

③ 在右侧"管理 IP 属性"选项卡中,输入已规划的 IP 地址和子网掩码。在本任务中,6700-2 的 MNG IP 为 198.2.1.152,如图 10.6 所示。

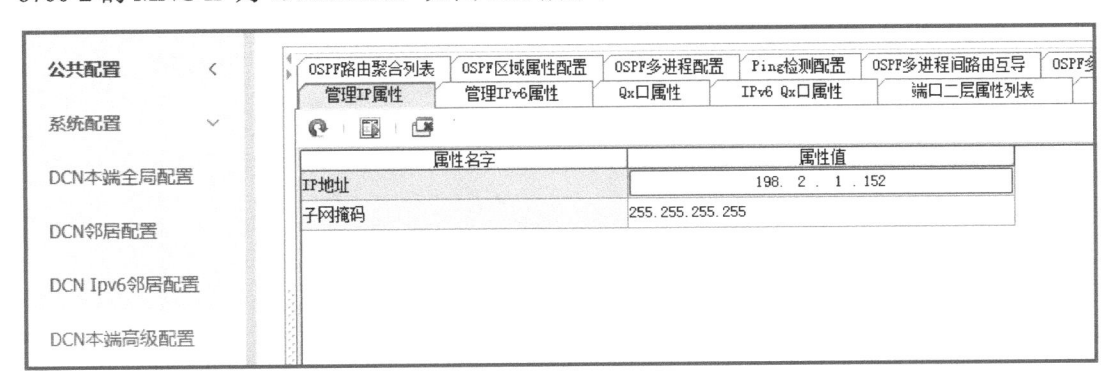

图 10.6　管理 IP 属性

④ 单击按钮,使设置生效。

网管会提示"操作失败",错误描述为"发送命令失败,设备断连"。这种情况属于正常现象,由于修改了设备的管理 IP 地址,而没有及时修改网管对应的管理 IP 地址,系统会显示发送命令失败。实际上修改 6700-2 的管理 MNG IP 地址的命令已经正常下发。

(3) 修改网管对应的管理 IP 地址和业务环回地址。

① 在多维拓扑视图中,右击目标网元,在弹出的快捷菜单中选择"网元属性"选项,弹出"网元属性"对话框。

② 设置网元的 IP 地址、子网掩码和业务环回地址,然后单击"保存"按钮,如图 10.7 所示。

接下来使用 Telnet 可以进入该网元,对修改数据进行保存,再在网管上执行上载操作,后面操作请参考接入网元配置。

(4) 网元链路自动发现。

在非接入网元完成了数据同步和单板添加之后,就可以执行网元链路自动发现了,使之成为一个完整的网络拓扑,具体步骤如下。

① 选择"拓扑"→"自动发现"选项,如图 10.8 所示,进入自动发现界面。

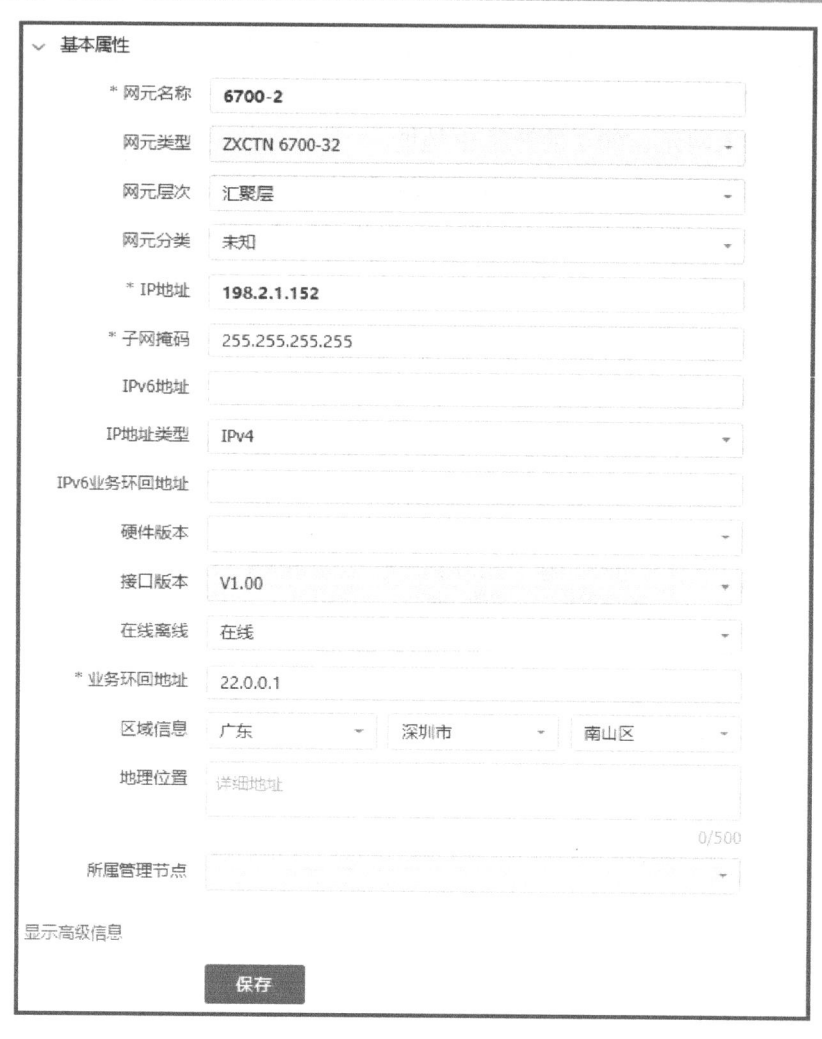

图 10.7 修改 IP 地址和业务环回地址

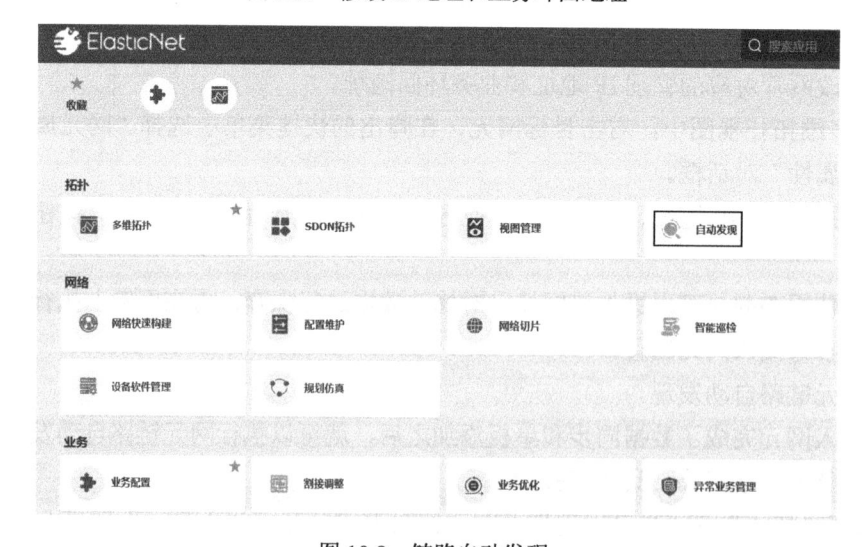

图 10.8 链路自动发现

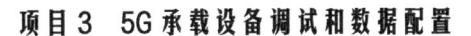

② 在自动发现界面中选择"链路自动发现"选项，如图 10.9 所示。

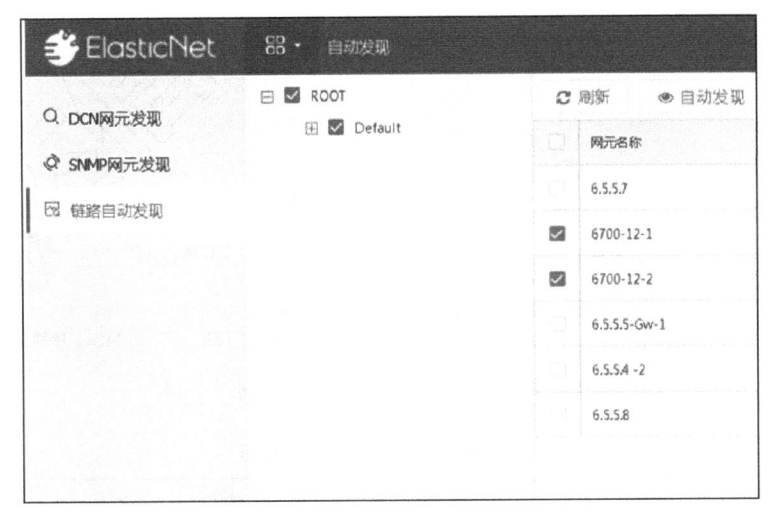

图 10.9　选择"链路自动发现"选项

③ 选择需要的网元，先单击"更新网元标识"按钮获得网元的 MAC 地址，再单击"自动发现"按钮，在下方获得的链路中选择链路，单击"新增链路"按钮即可，如图 10.10 所示。

图 10.10　自动发现链路

④ 链路发现成功，返回多维拓扑界面查看链路情况，如图 10.11 所示。

当网元数据库状态与网管一致且链路皆可发现后，便可进行接下来的基础接口等配置操作了。

2．DCN ETH 开局

使用 DCN ETH 方式配置非接入网元时，需要配置 DCN 端口的二层和三层属性，包括封装的 VLAN（Virtual Local Area Network，虚拟局域网）ID、IP 地

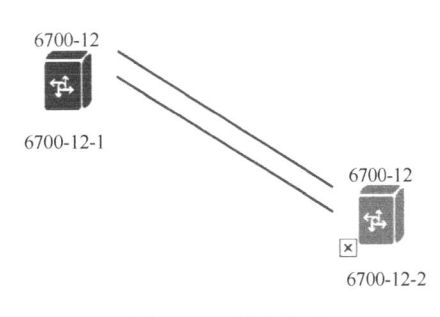

图 10.11　链路情况

址及类型、OSPF 区域等。

下面介绍 DCN ETH 方式的非接入网元配置过程，组网规划如图 10.12 所示，数据规划说明如表 10.4 所示。

DCN ETH

```
网管客户端        网管服务器        接入网元 6700-1                    6700-3
10.8.8.2         10.8.8.1         MNG IP 地址: 198.2.1.151          MNG IP 地址: 198.2.1.153
                 198.8.8.5        Qx IP 地址: 198.8.8.18
                                  Xgei_1/3/0/1                     Xgei_1/3/0/1
                                  195.1.1.1/24                     195.1.1.2/24
```

图 10.12　DCN ETH 网络规划

表 10.4　DCN ETH 数据规划

网元名称	数据规划
6700-1（接入网元）	DCN 端口&IP 地址：Xgei_1/3/0/1，195.1.1.1/24
	封装 VLAN ID：3055
	管理 IP（MNG IP）地址：198.2.1.151/32
	Qx 口 IP 地址：198.8.8.18
	业务环回地址：PTN 场景下一般与 MNG IP 地址配置相同，SPN 场景下与 MNG IP 地址配置不同
6700-3（非接入网元）	DCN 端口&IP 地址：Xgei_1/3/0/1，195.1.1.2/24
	封装 VLAN ID：3055
	管理 IP（MNG IP）地址：198.2.1.153/32
	业务环回地址：PTN 场景下一般与 MNG IP 配置相同，SPN 场景下与 MNG IP 地址配置不同
网管服务器	IP 地址：10.8.8.1
	与接入网元 Qx 口互联地址：198.8.8.5
网管客户端	IP 地址：10.8.8.2

具体步骤如下：

（1）在接入网元（6700-1）中，配置全局 DCN 使能、与非接入网元（6700-3）相连的接口 DCN 使能。

① 在多维拓扑视图中，右击目标网元，在弹出的快捷菜单中选择"网元管理"选项，进入网元管理界面。

② 在左侧导航树中，选择"系统配置"→"DCN 管理"→"DCN 本端全局配置"选项，进入 DCN 本端全局配置界面。

③ 在"DCN 本端全局配置"选项卡中，在"DCN 全局使能"下拉列表中选择"启用"选项，如图 10.13 所示。

④ 在"端口 DCN 使能"选项卡中，选择与非接入网元相连的接口，在"DCN 端口使能"下拉列表中选择"启用"选项。

⑤ 单击图标，使配置生效。

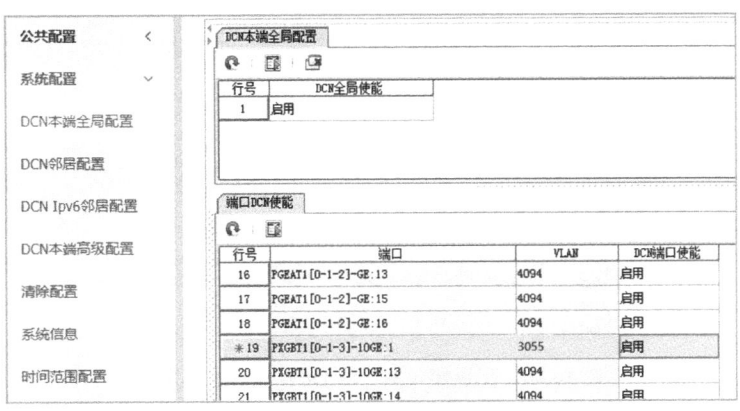

图 10.13　DCN 本端全局配置

（2）在接入网元（6700-1）中，配置非接入网元（6700-3）的全局 DCN 使能、管理 IP 地址。

① 在网元管理界面左侧导航树中，选择"系统配置"→"DCN 管理"→"DCN 邻居配置"选项，进入 DCN 邻居全局配置界面，如图 10.14 所示。

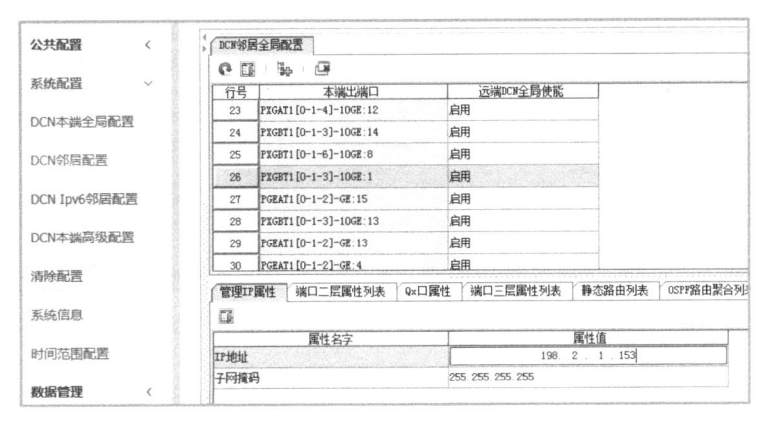

图 10.14　DCN 邻居全局配置

② 在"DCN 邻居全局配置"选项卡中，在"远端 DCN 全局使能"下拉列表中选择"启用"选项。

③ 在"管理 IP 属性"选项卡中，配置 DCN 邻居的管理 IP 地址和子网掩码。

④ 单击图标，使配置生效。

（3）在接入网元（6700-1）中配置 DCN 端口二层、三层属性。

① 在 DCN 本端高级配置界面，切换到"端口二层属性列表"选项卡，配置 DCN 端口二层属性，如图 10.15 所示。其中，VLAN 值和 MAC 地址需要根据规划配置，MAC 地址建议配置成本网元的机架 MAC 地址。

② 在 DCN 本端高级配置界面，切换到"端口三层属性列表"选项卡，配置 DCN 端口三层属性，如图 10.16 所示。

（4）在接入网元（6700-1）中，配置非接入网元（6700-3）的 DCN 端口二层、三层属性。

① 在 DCN 邻居全局配置界面，切换到"端口二层属性列表"选项卡，配置 6700-3 设备的 DCN 端口二层属性，如图 10.17 所示。

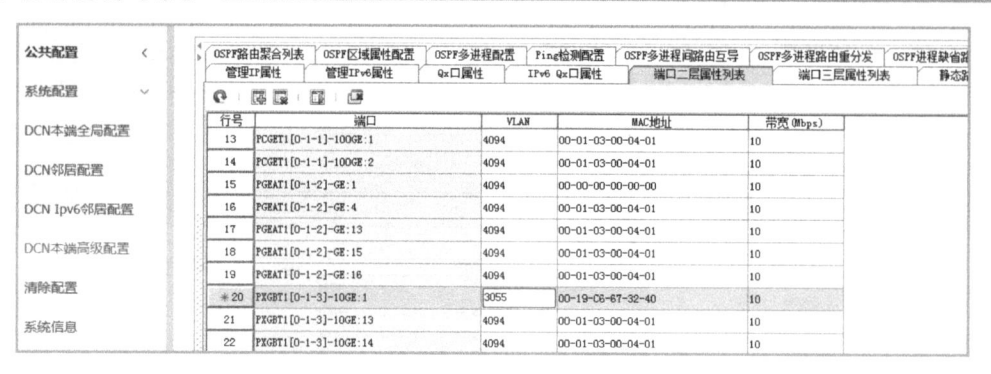

图 10.15　配置接入网元的 DCN 端口二层属性

图 10.16　配置接入网元的 DCN 端口三层属性

图 10.17　配置非接入网元的 DCN 二层端口属性

项目3 5G承载设备调试和数据配置

② 在DCN邻居全局配置界面，切换到"端口三层属性列表"选项卡，配置6700-3设备的DCN端口三层属性，如图10.18所示。

图10.18 配置非接入网元的DCN三层端口属性

（5）参照在网管上创建接入网元中创建网元的方法，在ZENIC ONE R22网管上创建非接入网元（6700-3）。

（6）将非接入网元设备（6700-3）的配置数据上载到网管数据库中。

① 在多维拓扑视图中，右击目标网元，在弹出的快捷菜单中选择"数据同步"选项，进入数据同步界面。

② 在"上载入库"选项卡中，选中需要上载数据的网元。

③ 单击"上载入库"按钮，在弹出的确认提示对话框中单击"是"按钮，开始上载数据。

④ 数据上载完成后，在弹出的提示对话框中单击"确定"按钮，数据上载成功。

3．检查网管监控

为了保证设备管理的连通性，在配置完成后，需要检查每台网元设备是否能正常接通。使用ping命令检查网元DCN管理的连通性，预期结果如下。

```
ZXCTN#ping dcn 198.2.1.153
    sending 5,100-byte ICMP echo(es) to 198.2.1.155,timeout is 2 second(s).
    !!!!!
    Success rate is 100 percent(5/5),round-trip min/avg/max= 2/2/2 ms.
```

如果结果中显示"Success rate"不为100%，则说明出现了丢包，应检查链路状况，如自协商、收发光功率或网线线序等状况。如果不通或丢包，则使用以下命令进入检查。

（1）使用"show ip interface brief"命令查看接口IP地址配置信息。

```
ZXR10#show ip interface brief
  Interface      IP-Address      Mask              Admin  Phy  Portocol
  xgei-1/3/0/1   unassigned      unassigned        up     up   up
  xgei-1/3/0/2   200.30.2.3      255.255.255.0     up     up   up
  xgei-1/3/0/3   unassigned      unassigned        up     up   up
```

重点检查 IP 地址是否已经分配，请配置正确；各接口的 Admin、Phy、Protocol 状态必须为 up，否则不通。

（2）如果上述没有问题，则接着查看具体物理 NNI 端口的状态。

```
ZXR10#show interface xgei-1/9/0/1
xgei-1/9/0/1 is up, line protocol is up
  Description is none
  Hardware is XGigabit Ethernet, address is 0001.02ff.ff01
  Internet address is unassigned
  IP MTU 1500 bytes
  MTU 1600 bytes
  BW 10000000 Kbits
  Holdtime is 120 sec
  The port is optical
  The MDIMode of the port is not supported
  Loopback cancel
  Duplex full
```

可以使用"clear statistics interface xgei-1/3/0/1"命令清除统计数据，以便于重新计算接口收发包的数量。

（3）最后，再查看以太网的 ARP 表是否正常。

```
ZXCTN#show arp
Arp protect whole is disabled
The count is 19
IP                    Hardware                       Exter   Inter   Sub
Address       Age     Address       Interface        VlanID  VlanID  Interface
100.1.10.2    00:05:38 0010.9400.0009 fei-1/6/0/8.1   1       N/A     fei-1/6/0/8.1
14.0.0.2      P        0000.0000.0012 xgei-1/10/0/4  N/A     N/A     N/A
10.0.0.6      P        0001.0200.0e01 gei-1/11/0/1    N/A     N/A     N/A
10.10.1.2     00:05:58 0010.9400.0002 gei-1/11/0/2    N/A     N/A     gei-1/11/0/2
10.10.2.2     00:05:58 0010.9400.0002 gei-1/11/0/3    N/A     N/A     gei-1/11/0/3
13.13.13.2    P        0001.0200.0d01 gei-1/11/0/7    N/A     N/A     N/A
100.1.16.6    00:00:59 0001.0200.0f01 gei-1/11/0/9.1  1       N/A     gei-1/11/0/9.1
```

Age 为"H"表示这个 IP 地址是路由器自身接口上的，Age 为"P"表示这个 ARP 为手动静态配置，应检查是否有对端的 ARP 表项，如果没有，则需要检查对端地址是否配置正确。

任务实施记录单

班级_____ 学号_____ 姓名_____

操作	标准要求	注意事项
DCN P2P 开局		
DCN ETH 开局		
检查网管监控		

任务 11　5G 承载网 FLexE 链路配置

11.1　任务描述

前文我们已经介绍了 FlexE 技术的实现原理，FlexE 技术降低了网络设备的扩建成本，逐步完善的 OAM 功能满足网络维护管理需要，这些优势特点很好地满足了 5G 承载网的技术需求。接下来利用图 11.1 这个典型的 5G 承载网，在 NE1 和 NE7 之间创建一条 L2VPN 以太网业务，映射到 FlexE 通道上承载，占用带宽为 50GB，需配置 10 个 FlexE 时隙。中间节点 NE3、NE5 配置对应的物理层交叉直通。

扫一扫看 5G 承载网 FlexE 链路配置教学课件

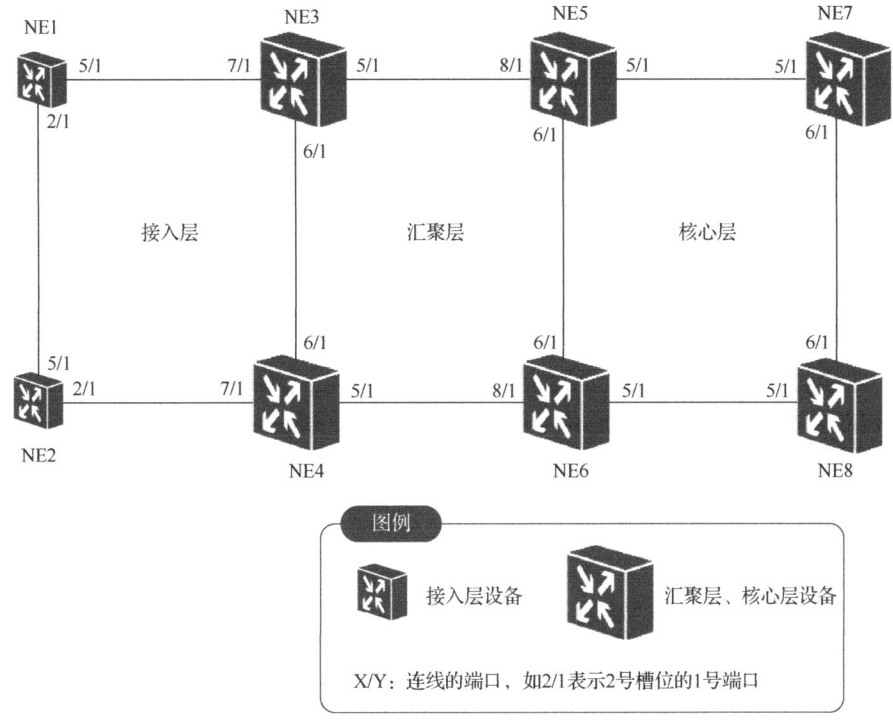

图 11.1　FlexE 配置实例组网图

11.2　任务目标

（1）能搭建一个小型的 5G 承载网环境；
（2）能进行 5G 承载网数据规划；
（3）掌握 5G 承载网 FlexE 链路的配置步骤；
（4）掌握 L2VPN 业务的基本原理。

扫一扫看 L2 VPN 原理微课视频

11.3　知识准备

1. L2VPN 原理

VPN 是利用现有网络构成的虚拟网络，以达到用户数据的安全传输。VPN 是由特殊设计的硬件和软件，通过共享的 IP 网络建立的隧道。VPN 的核心技术之一是隧道，隧道允许 VPN 的数据流通过 IP 网络，而不考虑产生该数据流的网络或设备类型。

L2VPN 是指 VPN 站点之间通过数据链路层互连，在网络上透传用户二层数据的技术，可以在不同站点之间建立二层连接，如图 11.2 中的 VPN1 和 VPN2 所示。

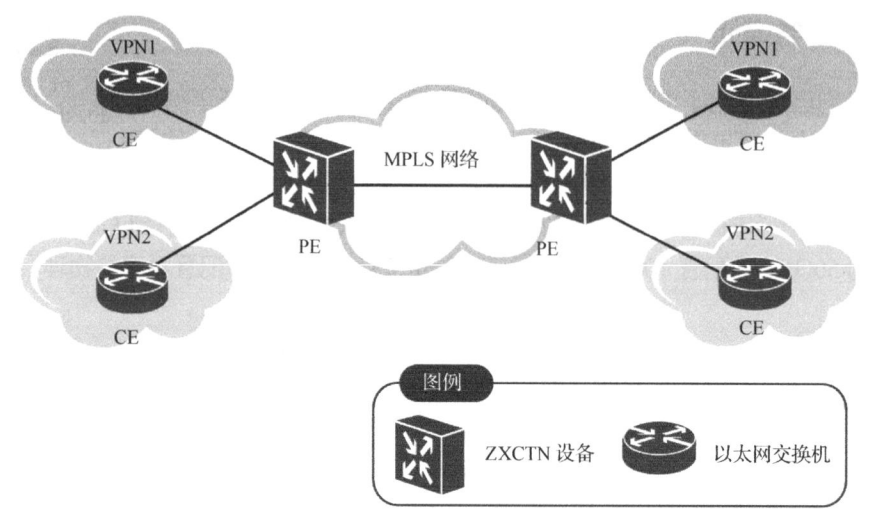

图 11.2　L2VPN 组网图

L2VPN 业务的特点如下。

（1）基于 MPLS 网络透明传输用户二层数据。

（2）在 MPLS 网络上提供不同介质的二层 VPN 业务，如以太网业务。

（3）MPLS 网络仍可提供传统 IP、L3VPN、流量工程和 QoS 等服务。

根据 L2VPN 实现原理的不同，又分为 VPWS、VPLS 和 VLSS 这 3 种类型。

（1）VPWS（虚拟专用线路业务）：指的是用点到点连接方式实现 VPN 内每个站点之间的通信，包括 EPL 和 EVPL 业务。

（2）VPLS（虚拟专用 LAN 服务）：将运营商网络仿真成 LAN 交换机或桥接器，连接用户所有的 LAN，提供点到多点的二层交换服务，包括 EPLAN、EVPLAN、EPTREE 和 EVPTREE 业务。

（3）VLSS（虚拟本地交换业务）：支持 2 个本地 CE 之间的互通。

MPLS L2VPN 可以为网络带来以下优点。

（1）增强可靠性和私网路由的安全性：由于不引入用户的路由信息，MPLS L2VPN 不能获得和处理用户路由，保证了用户 VPN 路由的安全，增强数据传输的安全性。

（2）增强可扩展性：MPLS L2VPN 只建立二层连接关系，不引入和管理用户的路由信息，减轻 PE（Provider Edge，服务提供商边缘设备）甚至整个 SP（Service Provider，服务提供商）网络的负担，降低对运营网络承载能力的要求，使服务提供商能支持更多的 VPN 和接入更多的用户。

2．FlexE 链路配置流程

FlexE 的配置流程如图 11.3 所示，配置说明如表 11.1 所示。

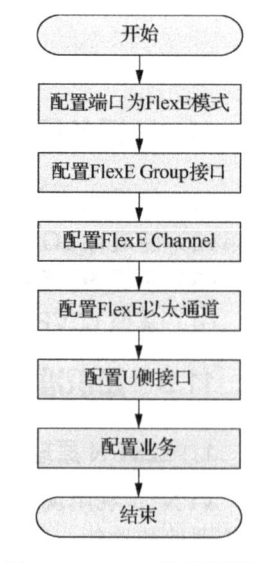

图 11.3　FlexE 的配置流程

表 11.1 配置说明

序号	配置任务	配置目的	配置对象	配置参数（要点）
1	配置端口为 FlexE 模式	修改端口工作模式	端口	网络侧链路端口的工作模式需要配置为 FlexE 模式
2	配置 FlexE Group 接口	生成 FlexE Group 接口	FlexE 端口	源端和宿端的 Group Number 和 PHY Number 应一致，且 Group Number 对应的端口是创建链路时的端口
3	配置 FlexE Channel	生成端到端的以太切片连接	网元	通过配置路由计算策略和约束选项定义一条 FlexE Channel
4	配置 FlexE 以太通道	生成一条 FlexE 以太通道	网元	通过指定源和目的 VEI 子接口的 IP 地址定义一条 FlexE 以太通道
5	配置 U 侧接口	生成 U 侧物理端口的子接口	物理端口	设置子接口的 VLAN 和 IP 地址
6	配置业务	生成网元之间的业务配置	网元	根据不同应用场景配置相关参数
7	配置 FlexE OAM（可选项）	为 FlexE Client 配置 OAM，Remote LFA 提供快速倒换功能	FlexE Client	设置源服务和目的服务接入点
8	配置 FlexE Client 保护（可选项）	生成 FlexE Client 保护实例	FlexE Client	设置属性、保护参数、保护关系

3．组网及参数规划

本任务涉及的数据规划包括基础数据规划、接口工作模式参数规划、FlexE Group 接口参数规划、FlexE Channel 参数规划、FlexE 以太通道参数规划、用户侧接口参数规划、MPLS-TP 隧道参数规划、L2VPN 业务参数规划，如表 11.2～表 11.9 所示。

表 11.2 基础数据规划

网元	IP 地址	设备层次	业务环回地址	单板
NE1	9.1.1.1	接入层	1.1.1.1	OIHC1A（2 号、5 号），OIXG2A（1 号）
NE2	9.1.2.1	接入层	2.2.2.2	OIHC1A（2 号、5 号）
NE3	9.1.3.1	汇聚层	3.3.3.3	PDCAT1（5 号、6 号），PHCA4T1（7 号）
NE4	9.1.4.1	汇聚层	4.4.4.4	PDCAT1（5 号、6 号），PHCA4T1（7 号）
NE5	9.1.5.1	汇聚-核心层	5.5.5.5	PDCAT1（5 号、6 号、8 号）
NE6	9.1.6.1	汇聚-核心层	6.6.6.6	PDCAT1（5 号、6 号、8 号）
NE7	9.1.7.1	核心层	7.7.7.7	PDCAT1（5 号、6 号），PHCA4T1（7 号）
NE8	9.1.8.1	核心层	8.8.8.8	PDCAT1（5 号、6 号）

表 11.3 接口工作模式参数规划

网元	端口名称	工作模式
NE1	OIHC1A[0-1-5]-50GE:1	FlexE 模式
NE1	OIHC1A[0-1-2]-50GE:1	FlexE 模式
NE2	OIHC1A[0-1-2]-50GE:1	FlexE 模式
NE2	OIHC1A[0-1-5]-50GE:1	FlexE 模式
NE3	PHCA4T1[0-1-7]-50GE:1	FlexE 模式
NE3	PDCAT1[0-1-5]-200GE:1	FlexE 模式
NE3	PDCAT1[0-1-6]-200GE:1	FlexE 模式

续表

网元	端口名称	工作模式
NE4	PHCA4T1[0-1-7]-50GE:1	FlexE 模式
NE4	PDCAT1[0-1-5]-200GE:1	FlexE 模式
NE4	PDCAT1[0-1-6]-200GE:1	FlexE 模式
NE5	PDCAT1[0-1-5]-200GE:1	FlexE 模式
NE5	PDCAT1[0-1-8]-200GE:1	FlexE 模式
NE5	PDCAT1[0-1-6]-200GE:1	FlexE 模式
NE6	PDCAT1[0-1-5]-200GE:1	FlexE 模式
NE6	PDCAT1[0-1-8]-200GE:1	FlexE 模式
NE6	PDCAT1[0-1-6]-200GE:1	FlexE 模式
NE7	PDCAT1[0-1-5]-200GE:1	FlexE 模式
NE7	PDCAT1[0-1-6]-200GE:1	FlexE 模式
NE8	PDCAT1[0-1-5]-200GE:1	FlexE 模式
NE8	PDCAT1[0-1-6]-200GE:1	FlexE 模式

表 11.4　FlexE Group 接口参数规划

网元	接口 ID	Group Number	端口名称	PHY Number	启用状态	收调度模式	发/收方向 Calendar
NE1	1	301	OIHC1A[0-1-5]-50GE:1	1	启用	自动	A
NE1	2	401	OIHC1A[0-1-2]-50GE:1	1	启用	自动	A
NE2	1	301	OIHC1A[0-1-2]-50GE:1	1	启用	自动	A
NE2	2	401	OIHC1A[0-1-5]-50GE:1	1	启用	自动	A
NE3	1	301	PHCA4T1[0-1-7]-50GE:1	1	启用	自动	A
NE3	2	401	PDCAT1[0-1-5]-200GE:1	1	启用	自动	A
NE3	3	601	PDCAT1[0-1-6]-200GE:1	1	启用	自动	A
NE4	1	301	PHCA4T1[0-1-7]-50GE:1	1	启用	自动	A
NE4	2	401	PDCAT1[0-1-5]-200GE:1	1	启用	自动	A
NE4	3	601	PDCAT1[0-1-6]-200GE:1	1	启用	自动	A
NE5	1	501	PDCAT1[0-1-5]-200GE:1	1	启用	自动	A
NE5	2	401	PDCAT1[0-1-8]-200GE:1	1	启用	自动	A
NE5	3	601	PDCAT1[0-1-6]-200GE:1	1	启用	自动	A
NE6	1	501	PDCAT1[0-1-5]-200GE:1	1	启用	自动	A
NE6	2	401	PDCAT1[0-1-8]-200GE:1	1	启用	自动	A
NE6	3	601	PDCAT1[0-1-6]-200GE:1	1	启用	自动	A
NE7	1	501	PDCAT1[0-1-5]-200GE:1	1	启用	自动	A
NE7	2	601	PDCAT1[0-1-6]-200GE:1	1	启用	自动	A
NE8	1	501	PDCAT1[0-1-5]-200GE:1	1	启用	自动	A
NE8	2	601	PDCAT1[0-1-6]-200GE:1	1	启用	自动	A

表 11.5　FlexE Channel 参数规划

用户标签	A 端点	Z 端点	带宽（$n \times 5GE$）	路由约束
FlexE-NE1-NE7	NE1	NE7	10	NE1-BBD[0-1-255]-FlexE Group:1

表 11.6　FlexE 以太通道参数规划

用户标签	FlexE Channel	源 IP 地址	目的 IP 地址	VLAN
FlexE-NE1-NE7	FlexE-NE1-NE7	10.155.0.1/30	10.155.0.2/30	305

表 11.7　用户侧接口参数规划

网元	绑定接口类型	绑定端口	子接口 ID	用户标签	封装类型	外层 VLAN	指定 IPv4 地址	IPv4 地址	IPv4 掩码
NE1	以太网接口	OIXG2A[0-1-1]-10GE:1	1	FlexE	DOT1Q	11	勾选	11.0.0.1	255.255.255.255
NE7	以太网接口	PHCA4T1[0-1-7]-50GE:1	1	FlexE	DOT1Q	22	—	22.0.0.1	255.255.255.255

表 11.8　MPLS-TP 隧道参数规划

参数		取值
基本属性	用户标签	NE1～NE7
	A 端点	NE1
	Z 端点	NE7
	恢复类型	带恢复
路由设置	约束（网元）	NE3（工作必经）
		NE5（工作必经）
QoS	连接允许控制（CAC）	不勾选
	流量控制	不勾选
其他参数		默认值

表 11.9　L2VPN 业务参数规划

参数		取值
基本属性	用户标签	NE1～NE7
用户侧配置	A 端点	NE1
		NE1-OIXG2A[0-1-1]-10GE:1-SubPort:1(VLAN11)
	Z 端点	NE7
		NE7-PHCA4T1[0-1-7]-50GE:1-SubPort:1(VLAN22)
网络侧配置	基于已有隧道	NE1～NE7

11.4　任务实施

1．配置端口为 FlexE 模式

（1）如图 11.4 所示，在多维拓扑窗口中，选择网元 NE7，单击网元右上方的箭头》，在弹出的下拉列表中选择"网元管理"选项，打开网元管理窗口。

扫一扫看 FlexE VPN 配置微课视频

（2）在网元管理窗口左侧导航树中，选择"基础配置"→"基础数据配置"选项，进入基础数据配置界面。

（3）在以太网端口基本属性配置界面，在选择单板的下拉列表中选择 PDCAT1 单板。

（4）选中对应的网络侧接口，如图 11.5 所示，在"工作模式"下拉列表中选择"FlexE

模式"选项,然后单击"应用"按钮,完成设置。

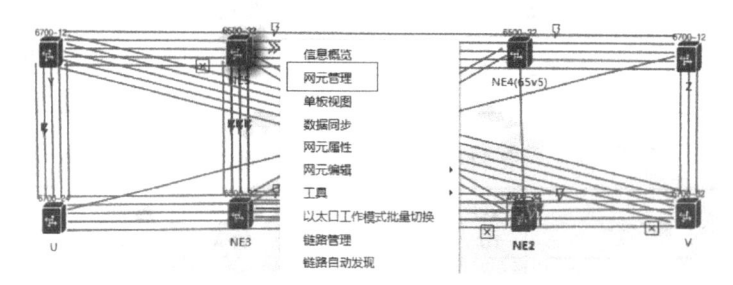

图11.4 选择"网元管理"选项

图11.5 配置端口为FlexE模式

(5)重复以上步骤,将NE1、NE3和NE5网元的直连链路端口均设置为FlexE模式。

2. 配置FlexE Group接口

(1)在多维拓扑窗口中,选择网元NE7,单击网元右上方的箭头》,在弹出的下拉列表中选择"网元管理"选项,打开网元管理窗口。

(2)在左侧导航树中,选择"接口配置"→"FlexE Group接口配置"选项,进入FlexE Group接口配置界面。

(3)单击"增加"按钮,列表中新增一个FlexE Group接口。

(4)如图11.6所示,参见组网及参数规划中的表11.4 FlexE Group接口参数规划,设置NE7的FlexE Group接口参数,并配置PHY Number参数值。

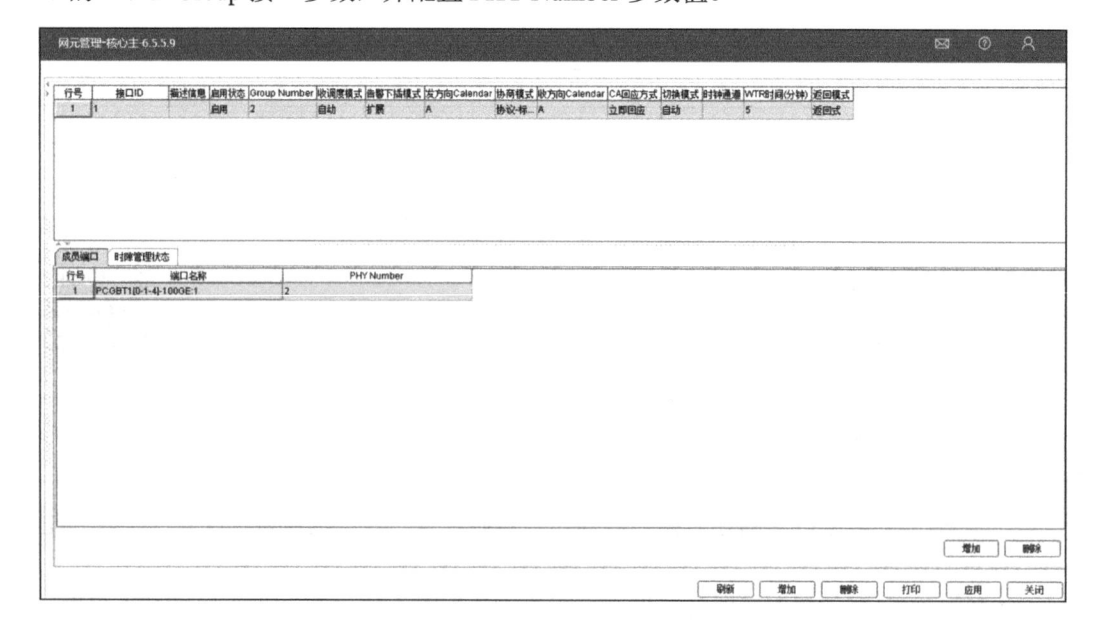

图11.6 配置FlexE Group接口

（5）参见组网及参数规划中的 FlexE Group 接口参数规划，为 NE1、NE3 和 NE5 配置 FlexE Group 接口。

3. 配置 FlexE Channel

（1）在 UME 主界面，选中"业务"区域中的"业务配置"选项，打开业务配置窗口。

（2）在业务配置窗口左侧导航树中，选择"FlexE Channel"选项，进入 FlexE Channel 界面。单击"新建"下拉按钮，在弹出的下拉列表中选择"FlexE Channel"选项，进入新建 FlexE Channel 界面。

（3）如图 11.7 所示，参见组网及参数规划中的表 11.5 FlexE Channel 参数规划，配置 NE1 与 NE7 之间的 FlexE Channel 参数，并设置带宽值。

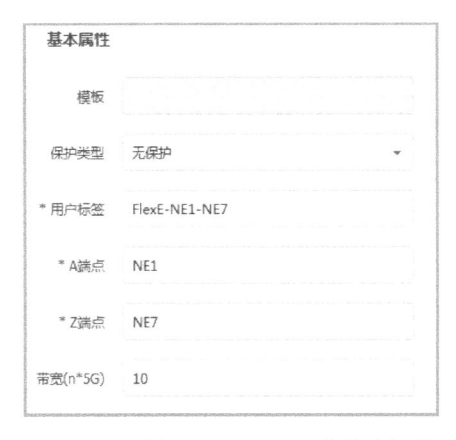

图 11.7　配置 FlexE Channel 的基本属性

4. 配置 FlexE 以太通道

（1）在 UME 主界面，选择"业务"区域中的"业务配置"选项，打开业务配置窗口。

（2）在业务配置窗口左侧导航树中，选择"FlexE 以太通道"选项，进入 FlexE 以太通道界面。

（3）如图 11.8 所示，参见组网及参数规划中的表 11.6 FlexE 以太通道参数规划，设置用户标签、源 IP 地址、目的 IP 地址和 VLAN，并选择上一步配置的 FlexE Channel，然后单击"应用"按钮，UME 建立一条 FlexE 以太通道，并根据源 IP 地址和目的 IP 地址自动生成 A2Z 和 Z2A 的 Adj 邻接标签值。

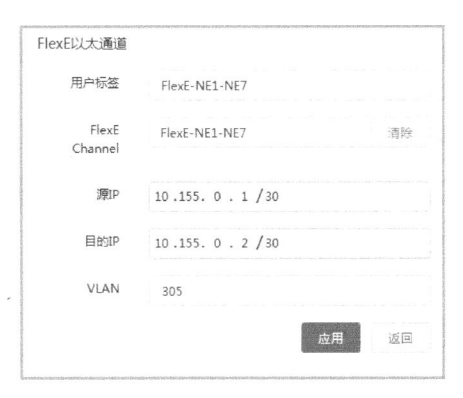

图 11.8　配置 FlexE 以太通道相关参数

（4）中间节点 NE3 和 NE5 不再需要配置 FlexE Channel 和 FlexE 以太通道，通过在 NE1 和 NE7 之间端到端的配置，UME 会在中间节点处自动生成 Client 交叉配置。

5．配置用户侧子接口

（1）在多维拓扑窗口中，选择网元 NE7，单击网元右上方的箭头，在弹出下拉列表中选择"网元管理"选项，进入网元管理界面。

（2）在左侧导航树中，选择"基础配置"→"基础数据配置"选项，进入基础数据配置界面。

（3）在右侧窗口中，如图 11.9 所示，选择"子接口配置"选项卡，单击增加按钮，打开增加子接口窗口。

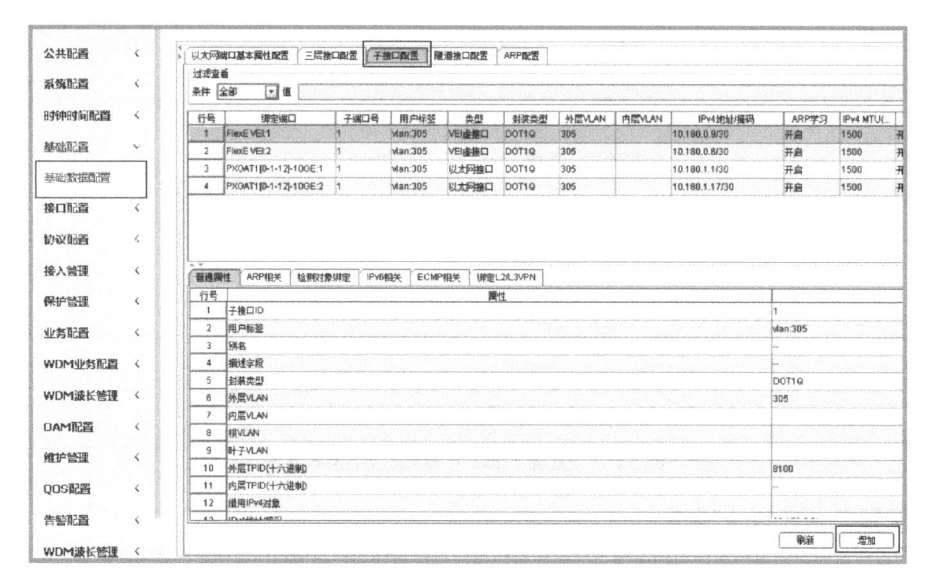

图 11.9　增加用户侧子接口

（4）参见组网及参数规划中的表 11.7 用户侧子接口参数规划，设置 NE7 的子接口参数。

（5）参见组网及参数规划中的表 11.7 用户侧子接口参数规划，重复上述步骤，为 NE1 配置用户侧子接口。

6．配置 MPLS-TP 隧道

（1）在 UME 主页面，选择"业务"区域中的"业务配置"选项，打开业务配置窗口。

（2）在业务配置窗口左侧导航树中，选择"隧道"选项，进入新建隧道界面。

（3）如图 11.10 所示，单击"新建"下拉按钮，在弹出的下拉列表中选择"MPLS-TP"选项，打开新建 MPLS-TP 隧道窗口。

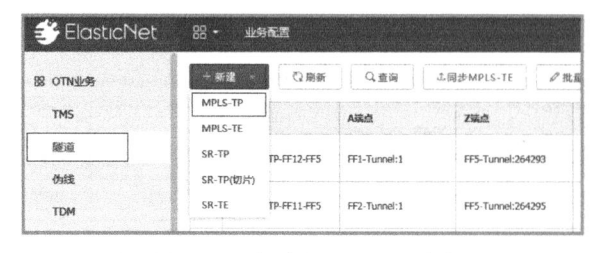

图 11.10　新建 MPLS-TP 隧道

（4）在"基本属性"选项组中，如图 11.11 所示，参见组网及参数规划中的表 11.8 MPLS-TP 隧道参数规划，设置用户标签、A 端点、Z 端点等参数。

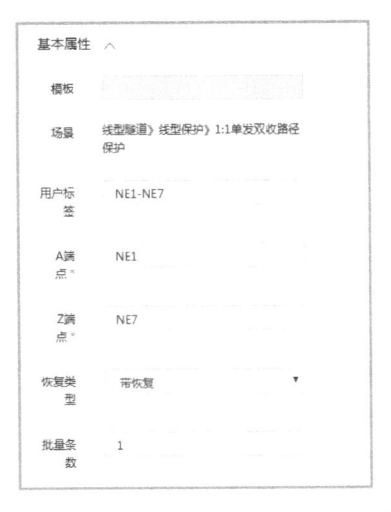

图 11.11　配置 MPLS-TP 隧道的基本属性

（5）在"路由设置"选项组中，如图 11.12 所示，单击"约束"下拉按钮，在弹出的下拉列表中选择已存在的 TMS 或工作路径必经的网元，单击"计算"按钮，路由计算成功之后，在界面右侧会显示路由计算结果。

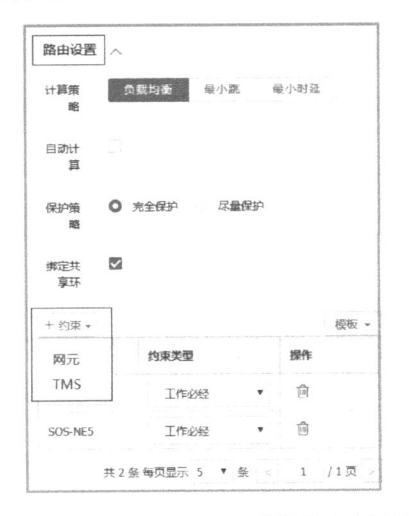

图 11.12　配置 MPLS-TP 隧道的路由属性

（6）单击"应用"按钮，完成一条 MPLS-TP 隧道的创建。

7．创建 L2VPN 业务

（1）在 UME 页面中，选择"业务"区域的"业务配置"选项，打开业务配置窗口。在业务配置窗口左侧导航树中，选择"以太网业务"选项，进入以太网业务管理界面。

（2）如图 11.13 所示，单击"新建"下拉按钮，在弹出的下拉列表中选择"以太网专线业务"选项，打开新建以太网专线业务窗口。

图 11.13　新建以太网专线业务

（3）在"基本属性"选项组中，如图 11.14 所示，设置用户标签。在"用户侧配置"选项组中，参见组网及参数规划中的表 11.9 L2VPN 业务参数规划来设置 A 端点和 Z 端点。

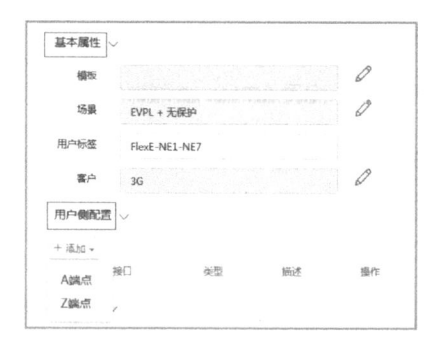

图 11.14　配置以太网专线业务的基本属性

（4）在"路由计算策略"选项组中，如图 11.15 所示，选择"计算策略"下拉列表中的"基于已有隧道"选项，单击"计算"按钮，界面右侧网络侧配置中会显示出路由计算的具体结果。

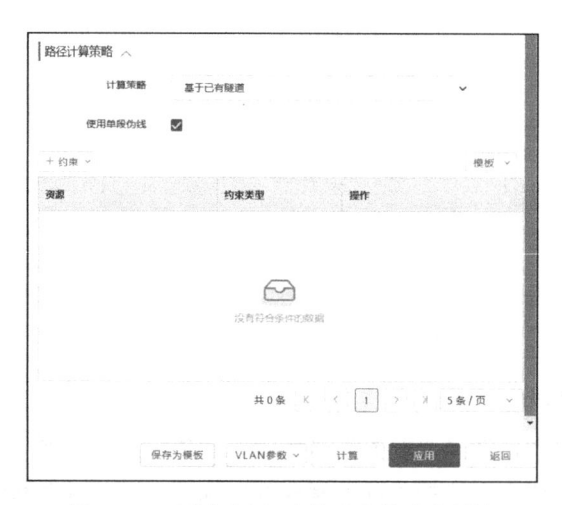

图 11.15　配置以太网专线业务的路由属性

（5）路由计算成功之后，单击"应用"按钮，完成以太网专线业务的配置。

任务实施记录单

班级_____ 学号_____ 姓名_____

操作	标准要求	注意事项
配置端口为 FlexE 模式		
配置 FlexE Group 接口		
配置 FlexE Channel		
配置 FlexE 以太通道		
配置用户侧子接口		
配置 MPLS-TP 隧道		
创建 L2VPN 业务		

任务 12 5G 承载网切片配置

12.1 任务描述

网络切片是 5G 承载网业务配置的关键部分，需要根据不同的场景创建不同的网络切片，本任务利用中兴通讯最新的网管系统 UME 为大家演示网络切片的创建流程，帮助大家更好地理解 5G 承载网的切片功能。

12.2 任务目标

（1）掌握 5G 承载网切片配置的流程；
（2）掌握 vNet 的创建方法。

12.3 知识准备

1. 5G 承载网切片概述

5G 网络切片覆盖无线、承载网、核心网等多个专业领域，需要支持有线与无线网络资源的统一协同调度，实现基于业务链的按需服务。

5G 承载网采用转发和控制分离的架构，转发面虚拟化，呈现"一个物理网络基础设施、多个逻辑网络"的形态，通过网络切片，按需构建不同的逻辑网络实例；满足业务差异化的带宽、时延、抖动、质量要求。

5G 承载网切片维度包括子接口、带宽、表项、队列缓存、转发技术等。FlexE 是实现网络切片的基础。

2. 5G 承载网网元切片

vNet（虚拟设备/虚拟网元）：基于网元内部的转发、计算、存储等资源进行切片/虚拟化，形成虚拟网元。vNet 和物理网元类似，包括逻辑独立的转发面、控制面、管理面，以及逻辑独立的转发、计算、存储资源。UNI 负责业务流分类。切片之后的 vNet 对 UNI（User-Network Interface，用户网络接口）侧业务可以根据相应配置，区分业务类型及完成相应处理，并疏导到对应的 vNet。UNI 不区分业务，相当于 UNI 和 vNet 直接绑定。NNI 通过切片提供满足 QoS 要求的 vLink，从而形成 vNet，如图 12.1 所示。

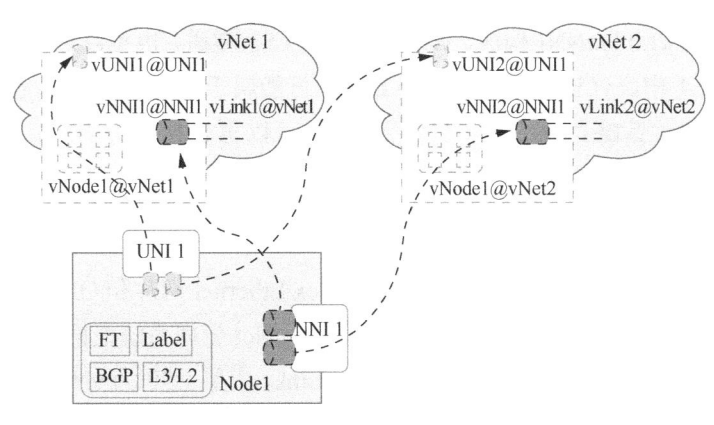

图 12.1 vNet 的原理示意图

3．5G 承载网网络切片

vNet 虚拟网络：面向网络链路、节点、端口等网络拓扑资源进行切片/虚拟化，和物理网络类似，包括逻辑独立的管理面、控制面和转发面。

端口映射到切片，不同的用户接口映射到不同的切片，如图 12.2 所示。

业务流映射到切片，一个端口通过不同的 VLAN，或者流优先级区分不同的业务，映射到不同的切片，如图 12.3 所示。

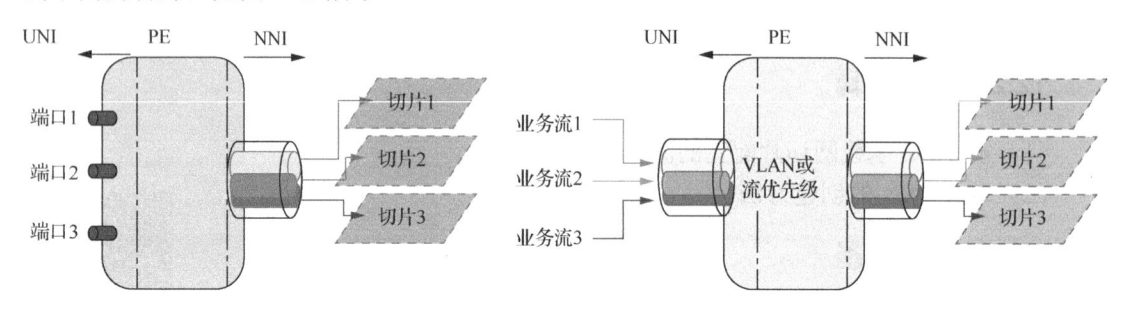

图 12.2　端口映射到切片

图 12.3　业务流映射到切片

基于隧道/管道切片的网络虚拟模型，如图 12.4 所示。

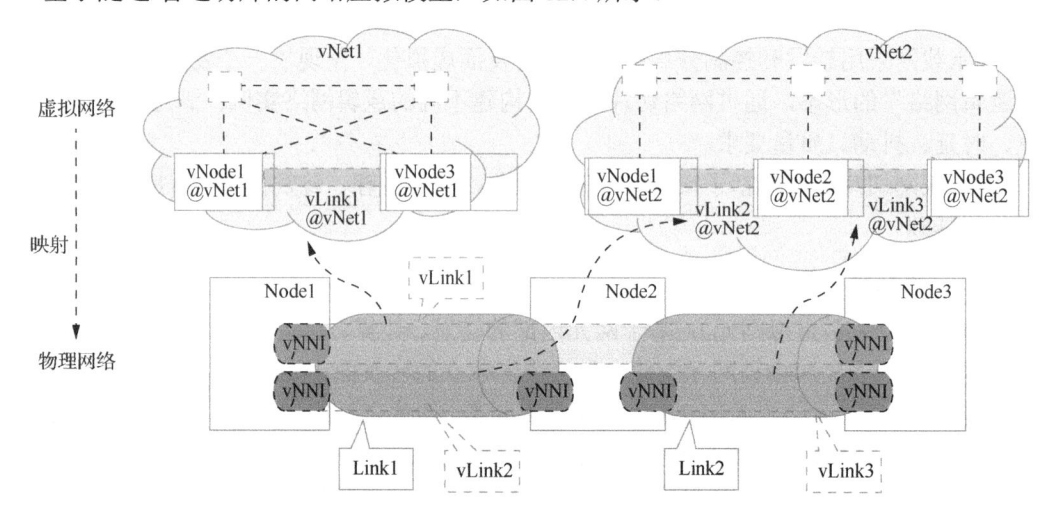

图 12.4　基于隧道/管道切片的网络虚拟模型

vNet 由相应的 vLink/vNNI 构成，vLink 可以是 LSP 隧道，也可以是 FlexE 管道或 ODUk 管道等。在图 12.4 中，vLink1、vLink2、vLink3 可能属于同一个 vNet，也可能分属不同的 vNet，这取决于切片策略。vNet 建立后，控制器可以再根据业务需求，基于 vLink 创建业务。

4．网元切片关键技术

常见的网元切片技术包括 MPLS-TP 切片、Flex Ethernet 切片和 ODUk 切片。

（1）MPLS-TP 切片：设备支持 MPLS-TP 技术，vNet 管理系统根据需要创建 LSP 隧道作为 vLink。采用 LSP 隧道嵌套技术，外层 LSP 为 vLink，内层 LSP 为 vNet 内业务使用的隧道。vLink 包含 A、Z 点的 vNNI 信息，以及带宽参数（CIR）等。

（2）Flex Ethernet 切片：设备支持 FlexE 技术，vNet 管理系统基于 FlexE Client（粒度为 10GE，40GE，$n\times 25$Gb/s）进行切片，创建基于 FlexE 管道的 vLink。vLink 包含 A、Z 点的 vNNI 信息，以及带宽参数（时隙个数），目前这种方式是主流的切片方式。

（3）ODUk 切片：设备支持 PO 信道化技术。vNet 管理系统基于 ODUk 进行切片，创建基于 ODUk 管道的 vLink（和 vNNI）。

12.4 任务实施

1．vNet 配置

在网管 UME 工作台中，选择"网络"→"网络切片"选项，进入 vNet 配置界面，如图 12.5 所示。

图 12.5　vNet 管理

单击"新建"按钮，在弹出的切片基本信息对话框中设置 vNet 切片的名称、切片模板等，如图 12.6 所示。

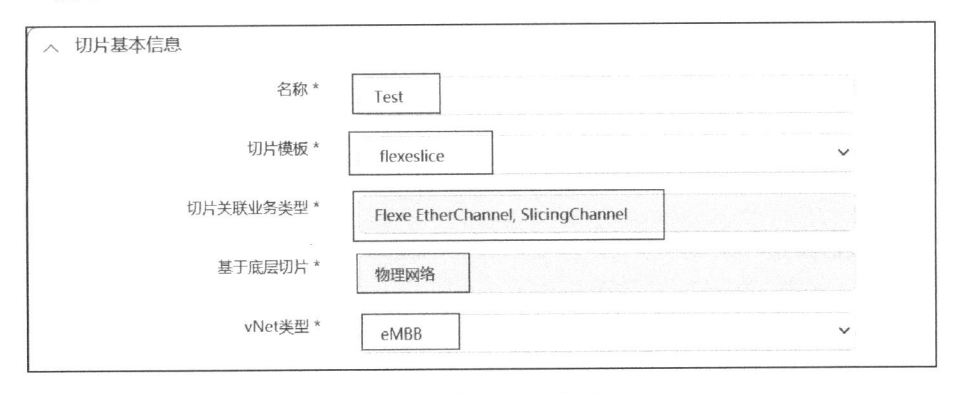

图 12.6　新建 vNet 切片

设置完成后单击"确定"按钮，完成 vNet 切片的创建。

2．vNode 配置

在切片参数界面，选择相应的网元，然后右击该网元，在弹出的快捷菜单中选择"新建 vNode"选项，打开 vNode 设置界面，按规划把需要加入切片网络的网元加入进去，如图 12.7 所示。

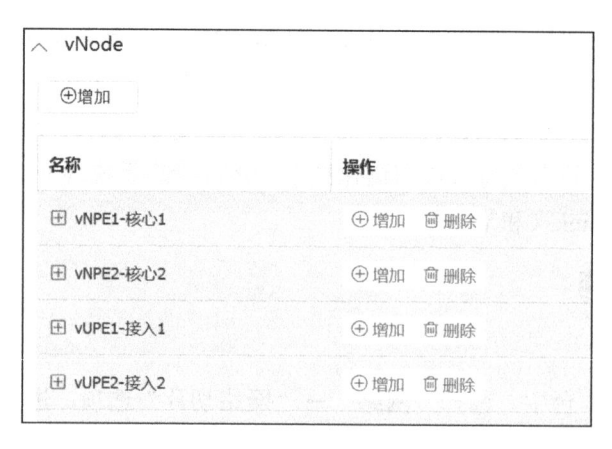

图 12.7　新建 vNode

3. vLink 配置

选中 v_Ne1 和 v_Ne5，右击其中一个网元，在弹出的快捷菜单中选择"新建 vLink"选项，打开 vLink 设置界面，如图 12.8 所示。

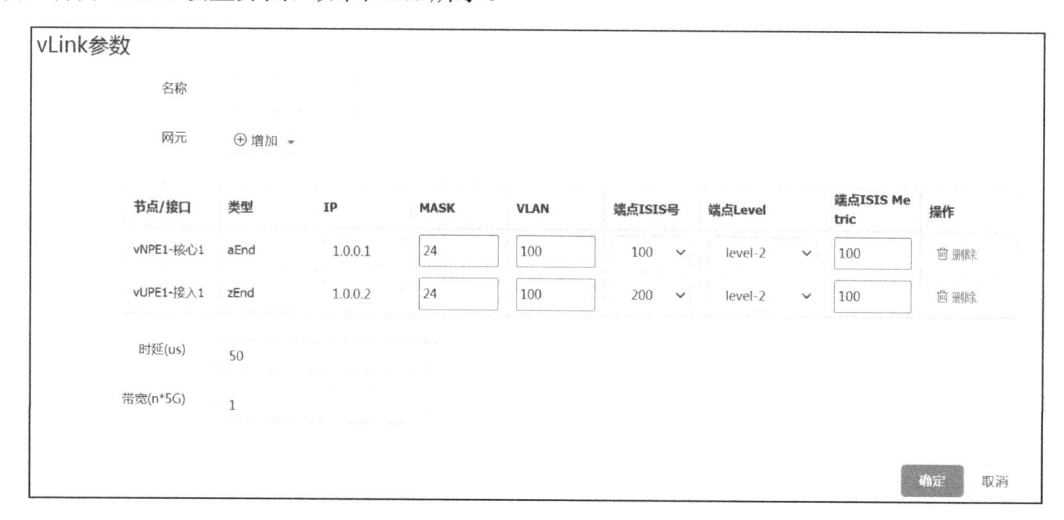

图 12.8　新建 vLink

4. U 侧端口绑定

右击 v_Ne1 网元，在弹出的快捷菜单中选择"新建 UNI 侧端口"选项，打开端口设置界面，选择相应的 U 侧端口，如图 12.9 所示，然后单击"确定"按钮。

序号	用户标签	创建时间	A端点	Z端点	物理A端点	物理Z端点	A端ISIS号	A端l
1	test1	2021-08-22 19:54:21	vUPE1-接入1-NNI端口:1	vNPE1-核心1-NNI端口:1	UPE1-接入1-BBD[0-1-255]-FlexE VEI:3-SubPort:1 (vlan:100)	NPE1-核心1-BBD[0-1-255]-FlexE VEI:3-SubPort:1 (vlan:100)	200	level

图 12.9　U 侧端口绑定

最后单击"应用"按钮，下发配置，完成网络切片的配置。

任务实施记录单

班级_____ 学号_____ 姓名_____

操作	标准要求	注意事项
vNet 配置		
vNode 配置		
vLink 配置		
U 侧端口绑定		

任务 13 5G 承载网 SR 业务配置

13.1 任务描述

本任务利用两台 5G 承载设备搭建一个小型的 5G 承载网环境，配置基于 SR-BE 隧道的 L3VPN 业务，实现对 5G 承载网业务东西向流量的承载；同时配置基于 SR-TP 隧道的 L3VPN 业务，实现对 5G 承载网业务南北向流量的承载。

13.2 任务目标

（1）掌握 SR-BE、SR-TP 隧道的配置方法；
（2）掌握基于 SR-BE 隧道的 L3VPN 配置方法；
（3）掌握基于 SR-TP 隧道的 L3VPN 配置方法。

扫一扫看 L3 VPN 原理微课视频

13.3 知识准备

1. BGP/MPLS IP VPN

BGP/MPLS IP VPN 是一种基于 PE 的 L3VPN 技术，使用 BGP 在骨干网上发布 VPN 路由，使用 MPLS 在骨干网上转发 VPN 报文。BGP/MPLS IP VPN 组网方式灵活、可扩展性好，并能够方便地支持 MPLS QoS 和 MPLS TE，因此得到越来越多的应用。

BGP/MPLS IP VPN 模型由 3 部分组成：CE、PE 和 P，如图 13.1 所示。

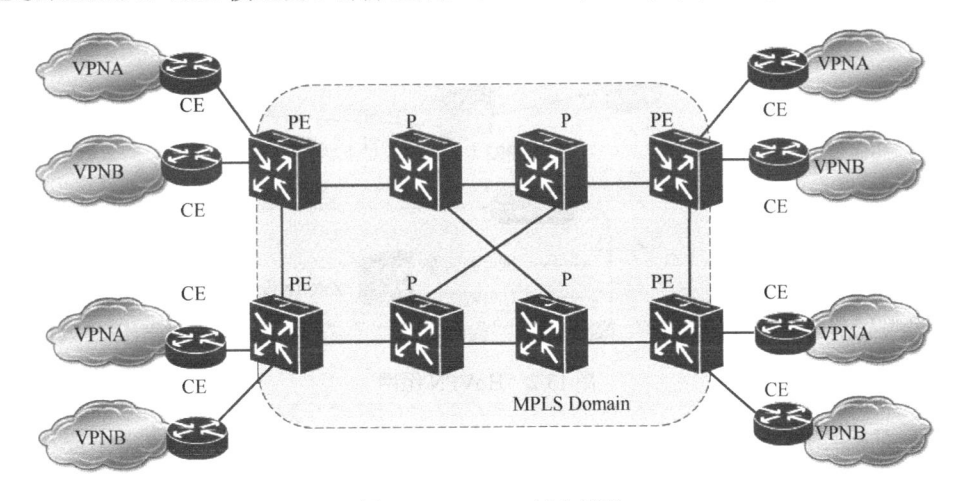

图 13.1 L3VPN 基本模型

CE（Customer Edge）：用户网络边缘设备，有接口直接与服务提供商（Service Provider, SP）网络相连。CE 可以是路由器或交换机，也可以是一台主机。通常情况下，CE"感知"不到 VPN 的存在，也不需要支持 MPLS。

PE（Provider Edge）：服务提供商边缘路由器，是服务提供商网络的边缘设备，与 CE 直接相连。在 MPLS 网络中，对 VPN 的所有处理都发生在 PE 上，对 PE 的性能要求较高。

P（Provider）：服务提供商网络中的骨干路由器，不与 CE 直接相连。P 设备只需要具备基本的 MPLS 转发能力，不维护 VPN 信息。

一台 PE 设备可以接入多台 CE 设备。一台 CE 设备也可以连接属于相同或不同服务提供商的多台 PE 设备。

2. HoVPN 原理

MPLS VPN 是一种平面模型，对网络中所有 PE 设备的性能要求相同，当网络中某些 PE 在性能和可扩展性方面存在问题时，整个网络的性能和可扩展性将受到影响。

扫一扫看 HoVPN 原理微课视频

为了解决可扩展性问题，MPLS VPN 必然要从平面模型转变为分层模型。在 MPLS L3VPN 领域，提出了分层 VPN（Hierarchy of VPN，简称 HoVPN）解决方案，将 PE 的功能分布到多个 PE 设备上，多个 PE 承担不同的角色，并形成层次结构，共同完成一个 PE 的功能。

HoVPN 对处于较高层次的设备的路由能力和转发性能要求较高，而对处于较低层次的设备的相应要求也较低，符合典型的分层网络模型。

HoVPN 组网如图 13.2 所示。

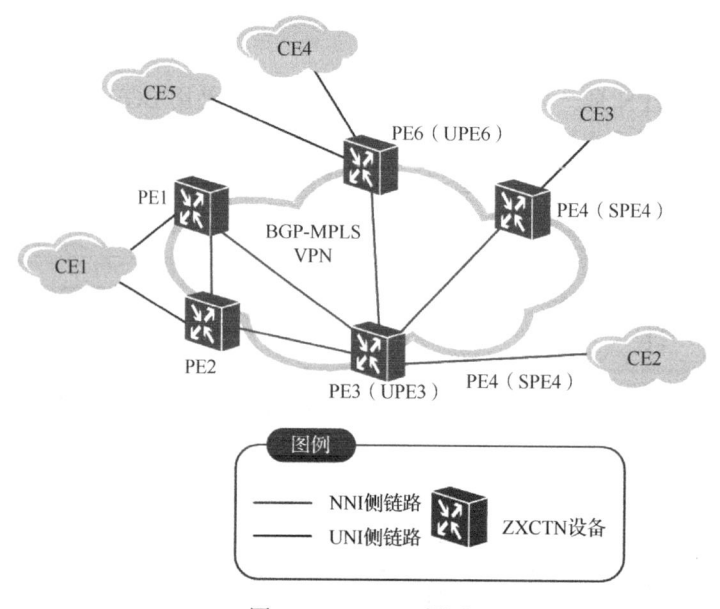

图 13.2 HoVPN 组网

UPE：直接连接用户的设备称为下层 PE（Underlayer PE）或用户侧 PE（User-end PE）。UPE 主要完成用户接入功能。

SPE：连接 UPE 并位于网络内部的设备称为上层 PE（Superstratum PE）或运营商侧 PE（Sevice Provider-end PE）。

TPE/NPE：Terminal PE/Network PE，业务落地 PE，一般位于核心层。

3. L3VPN 业务配置流程

由于 SR-TP 隧道是将两条单向同路由的 SR-TE 隧道绑定成的双向隧道，具备 OAM 功能，所以在实际配置中均使用 SR-TP 隧道，不使用 SR-TE 隧道。SR-TP 隧道需要配置端到端的通道，SR-BE 仅需要配置好本地前缀 SID 及 IS-IS（Intermediate System-to Intermediate System，中间系统到中间系统）协议添加对应接口即可自动形成路由，不需要配置端到端的通道。

基于 SR-TP 隧道的 L3VPN 业务配置流程如图 13.3 所示。

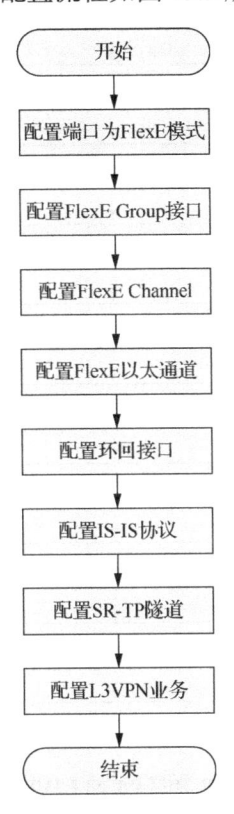

```
开始
  ↓
配置端口为FlexE模式
  ↓
配置FlexE Group接口
  ↓
配置FlexE Channel
  ↓
配置FlexE以太通道
  ↓
配置环回接口
  ↓
配置IS-IS协议
  ↓
配置SR-TP隧道
  ↓
配置L3VPN业务
  ↓
结束
```

图 13.3　基于 SR-TP 隧道的 L3VPN 业务配置流程

基于 SR-TP 隧道的 L3VPN 业务的配置流程说明如表 13.1 所示。

表 13.1　基于 SR-TP 隧道的 L3VPN 业务配置流程说明

序号	配置任务	配置目的	配置对象	配置参数（要点）
1	配置端口为FlexE模式	修改端口的工作模式	端口	网络侧链路端口的工作模式需要配置为 FlexE 模式
2	配置 FlexE Group 接口	生成 FlexE Group 接口	FlexE 端口	源端和宿端的 Group Number 和 PHY Number 应一致，且 Group Number 对应的端口是创建链路时的端口
3	配置 FlexE Channel	生成端到端的以太切片连接	网元	通过配置路由计算策略和约束选项定义一条 FlexE Channel
4	配置 FlexE 以太通道	生成一条 FlexE 以太通道	网元	通过指定源和目的 VEI 子接口的 IP 地址定义一条 FlexE 以太通道
5	配置环回接口	生成环回接口	网元	环回接口的 IP 地址要和 TP 隧道的 Router ID 保持一致
6	配置 IS-IS 协议	划分 IS-IS 区域，加入接口	VEI（子）接口和环回接口	添加的 VEI（子）接口指绑定隧道的接口，该接口既可以是 FlexE VEI（子）接口，也可以是普通的物理端口。环回接口必须添加至 IS-IS 接口
7	配置 SR-TP 隧道	生成 SR-TP 隧道	网元	设置 FlexE 以太通道约束指定 SR-TP 隧道的 Segment List
8	配置 L3VPN 业务	生成 L3VPN 业务	网元	网络侧配置选择 SR-TP 隧道

基于 SR-BE 隧道的 L3VPN 业务的配置流程如图 13.4 所示。

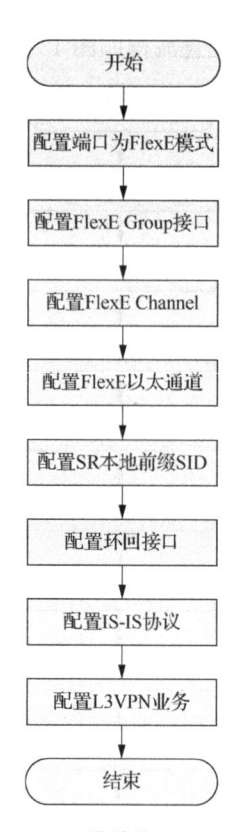

```
         开始
          │
   配置端口为FlexE模式
          │
   配置FlexE Group接口
          │
    配置FlexE Channel
          │
    配置FlexE以太通道
          │
    配置SR本地前缀SID
          │
     配置环回接口
          │
     配置IS-IS协议
          │
     配置L3VPN业务
          │
         结束
```

图 13.4 基于 SR-BE 隧道的 L3VPN 业务配置流程

基于 SR-BE 隧道的 L3VPN 业务的配置流程说明如表 13.2 所示。

表 13.2 基于 SR-BE 隧道的 L3VPN 业务配置流程说明

序号	配置任务	配置目的	配置对象	配置参数（要点）
1	配置端口为 FlexE 模式	修改端口的工作模式	端口	网络侧链路端口的工作模式需要配置为 FlexE 模式
2	配置 FlexE Group 接口	生成 FlexE Group 接口	FlexE 端口	源端和宿端的 Group Number 和 PHY Number 应一致，且 Group Number 对应的端口是创建链路时的端口
3	配置 FlexE Channel	生成端到端的以太切片连接	网元	通过配置路由计算策略和约束选项定义一条 FlexE Channel
4	配置 FlexE 以太通道	生成一条 FlexE 以太通道	网元	通过指定源和目的 VEI 子接口的 IP 地址定义一条 FlexE 以太通道
5	配置 SR 本地前缀 SID	生成网元的 Node SID	网元	IP 地址为环回接口 IP 地址，索引值全网唯一
6	配置环回接口	生成环回接口	网元	环回接口的 IP 地址要和 TP 隧道的 Router ID 保持一致
7	配置 IS-IS 协议	划分 IS-IS 区域，加入接口	VEI（子）接口和环回接口	添加的 VEI（子）接口指绑定隧道的接口，该接口既可以是 FlexE VEI（子）接口，也可以是普通的物理端口
				环回接口必须添加至 IS-IS 接口
8	配置 L3VPN 业务	生成 L3VPN 业务	网元	L3VPN 业务通过 IS-IS 协议自动形成路由

4．组网及参数规划

在组网应用中，接入层设备可以采用 ZXCTN 61 系列产品，汇聚层和核心层设备可以采

用 ZXCTN 6500 系列和 ZXCTN 6700 系列产品进行组网。本书以 ZXCTN 6180H 设备作为接入层设备、以 ZXCTN 6700-12 设备作为汇聚层设备、以 ZXCTN 6700-32 设备作为核心层设备为例进行说明。

组网图如图 13.5 所示，接入层设备采用 ZXCTN 6180H，汇聚层设备采用 ZXCTN 6700-12，核心层设备采用 ZXCTN 6700-32。现需创建以下两条 L3VPN 业务。

（1）在 NE22 和 NE1 之间创建一条 L3VPN 业务（test），采用 SR-TP 隧道承载。

（2）在 NE21 和 NE23 之间创建一条 L3VPN 业务（test-1），采用 SR-BE 隧道承载。

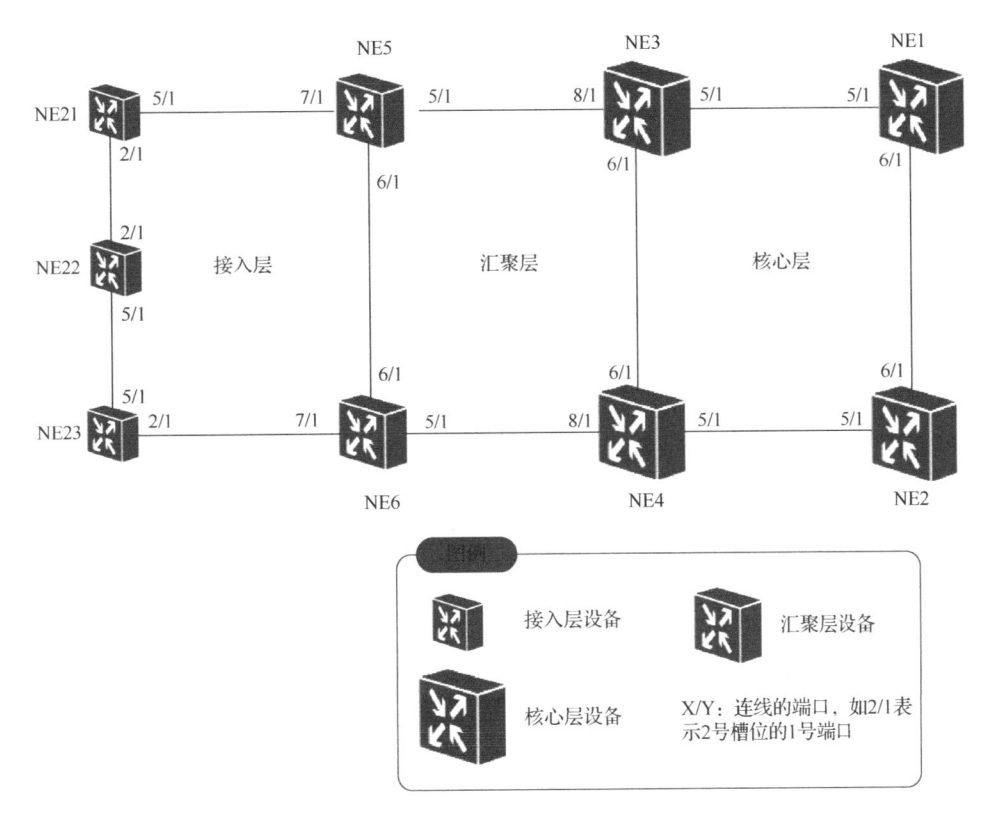

图 13.5 配置实例组网图

SR-TP 隧道承载的 L3VPN 业务需要先创建一条端到端的 SR-TP 隧道，SR-BE 隧道承载的 L3VPN 业务不需要创建一条端到端的 SR-BE 隧道，仅需要将 L3VPN 业务使用的 VEI 子接口添加到 IS-IS 协议即可。

基础数据规划如表 13.3 所示、FlexE Group 接口参数规划如表 13.4 所示、FlexE Channel 参数规划如表 13.5 所示、FlexE 以太通道参数规划如表 13.6 所示、环回接口参数规划如表 13.7 所示、IS-IS 协议参数规划如表 13.8 所示、SR-TP 隧道参数规划如表 13.9 所示、L3VPN 业务（基于 SR-TP 隧道）参数规划如表 13.10 所示、SR 本地前缀 SID 规划如表 13.11 所示、L3VPN 业务（基于 SR-BE 隧道）参数规划如表 13.12 所示。

表 13.3 基础数据规划

网元	设备类型	IP 地址	硬件版本	设备层次	业务环回地址	单板
NE21	ZXCTN 6180H	9.1.21.1	V5.00.10	接入层	21.21.21.21	OIHC1A（2号、5号），OIXG2A（1号）
NE22		9.1.22.1			22.22.22.22	OIHC1A（2号、5号），OIXG2A（1号）
NE23		9.1.23.1			23.23.23.23	OIHC1A（2号、5号），OIXG2A（1号）
NE5	ZXCTN 6700-12	9.1.5.1		汇聚层	5.5.5.5	PDCAT1（5号、6号），PHCA4T1（7号）
NE6		9.1.6.1			6.6.6.6	PDCAT1（5号、6号），PHCA4T1（7号）
NE3	ZXCTN 6700-32	9.1.3.1		汇聚-核心层	3.3.3.3	PDCAT1（5号、6号、8号）
NE4		9.1.4.1			4.4.4.4	PDCAT1（5号、6号、8号）
NE1		9.1.1.1		核心层	1.1.1.1	PDCAT1（5号、6号），PHCA4T1（7号）
NE2		9.1.2.1			2.2.2.2	PDCAT1（5号、6号）

说明：5号表示5号槽位，6号表示6号槽位等。

表 13.4 FlexE Group 接口参数规划

网元	接口 ID	Group Number	成员端口	PHY Number	其他参数
NE21	1	301	OIHC1A[0-1-5]-50GE:1	1	默认值
	2	100	OIHC1A[0-1-2]-50GE:1	1	默认值
NE22	1	100	OIHC1A[0-1-2]-50GE:1	1	默认值
	2	101	OIHC1A[0-1-5]-50GE:1	1	默认值
NE23	1	101	OIHC1A[0-1-5]-50GE:1	1	默认值
	2	301	OIHC1A[0-1-2]-50GE:1	1	默认值
NE6	1	301	PHCA4T1[0-1-7]-50GE:1	1	默认值
	2	200	PDCAT1[0-1-6]-200GE:1	1	默认值
	3	401	PDCAT1[0-1-5]-200GE:1	1	默认值
NE5	1	200	PDCAT1[0-1-6]-200GE:1	1	默认值
	2	301	PHCA4T1[0-1-7]-50GE:1	1	默认值
	3	401	PDCAT1[0-1-5]-200GE:1	1	默认值
NE3	1	401	PDCAT1[0-1-8]-200GE:1	1	默认值
	2	200	PDCAT1[0-1-6]-200GE:1	1	默认值
	3	501	PDCAT1[0-1-5]-200GE:1	1	默认值
NE4	1	501	PDCAT1[0-1-5]-200GE:1	1	默认值
	2	200	PDCAT1[0-1-6]-200GE:1	1	默认值
	3	401	PDCAT1[0-1-8]-200GE:1	1	默认值
NE1	1	200	PDCAT1[0-1-6]-200GE:1	1	默认值
	2	501	PDCAT1[0-1-5]-200GE:1	1	默认值
NE2	1	200	PDCAT1[0-1-6]-200GE:1	1	默认值
	2	501	PDCAT1[0-1-5]-200GE:1	1	默认值

表 13.5 FlexE Channel 参数规划

用户标签	A 端点	Z 端点	带宽（$n\times 5GE$）	路由约束
5G-NE21-NE22-ring1	NE21	NE22	10	NE21-BBD[0-1-255]-FlexE Group:2
5G-NE22-NE23-ring1	NE22	NE23	10	NE22-BBD[0-1-255]-FlexE Group:2
5G-NE23-NE6-ring1	NE23	NE6	10	NE23-BBD[0-1-255]-FlexE Group:2

续表

用户标签	A 端点	Z 端点	带宽（$n\times5GE$）	路由约束
5G-NE6-NE5-ring1	NE6	NE5	10	NE6-BBD[0-1-255]-FlexE Group:2
5G-NE5-NE21-ring1	NE5	NE21	10	NE5-BBD[0-1-255]-FlexE Group:2
5G-NE1-NE3-ring0	NE1	NE3	40	NE1-BBD[0-1-255]-FlexE Group:2
5G-NE3-NE4-ring0	NE3	NE4	40	NE3-BBD[0-1-255]-FlexE Group:2
5G-NE4-NE2-ring0	NE4	NE2	40	NE4-BBD[0-1-255]-FlexE Group:1
5G-NE2-NE1-ring0	NE2	NE1	40	NE2-BBD[0-1-255]-FlexE Group:1
5G-NE3-NE5-ring0	NE3	NE5	40	NE3-BBD[0-1-255]-FlexE Group:1
5G-NE5-NE6-ring0	NE5	NE6	30	NE5-BBD[0-1-255]-FlexE Group:1
5G-NE6-NE4-ring0	NE6	NE4	40	NE6-BBD[0-1-255]-FlexE Group:3

表 13.6　FlexE 以太通道参数规划

用户标签	FlexE Channel	源 IP 地址	目的 IP 地址	VLAN
5G-NE21-NE22-ring1	5G-NE21-NE22-ring1	10.151.0.5/30	10.151.0.6/30	301
5G-NE22-NE23-ring1	5G-NE22-NE23-ring1	10.151.0.9/30	10.151.0.10/30	301
5G-NE23-NE6-ring1	5G-NE23-NE6-ring1	10.151.0.13/30	10.151.0.14/30	301
5G-NE6-NE5-ring1	5G-NE6-NE5-ring1	10.151.0.17/30	10.151.0.18/30	301
5G-NE5-NE21-ring1	5G-NE5-NE21-ring1	10.151.0.1/30	10.151.0.2/30	301
5G-NE1-NE3-ring0	5G-NE1-NE3-ring0	10.0.0.1/30	10.0.0.2/30	1
5G-NE3-NE4-ring0	5G-NE3-NE4-ring0	10.0.0.5/30	10.0.0.6/30	1
5G-NE4-NE2-ring0	5G-NE4-NE2-ring0	10.0.0.9/30	10.0.0.10/30	1
5G-NE2-NE1-ring0	5G-NE2-NE1-ring0	10.0.0.13/30	10.0.0.14/30	1
5G-NE3-NE5-ring0	5G-NE3-NE5-ring0	10.0.0.17/30	10.0.0.18/30	1
5G-NE5-NE6-ring0	5G-NE5-NE6-ring0	10.0.0.21/30	10.0.0.22/30	1
5G-NE6-NE4-ring0	5G-NE6-NE4-ring0	10.0.0.25/30	10.0.0.26/30	1

表 13.7　环回接口参数规划

网元	主 IP 地址	主 IP 地址掩码	其他参数
NE21	21.21.21.21	255.255.255.255	默认值
NE22	22.22.22.22	255.255.255.255	
NE23	23.23.23.23	255.255.255.255	
NE5	5.5.5.5	255.255.255.255	
NE6	6.6.6.6	255.255.255.255	
NE3	3.3.3.3	255.255.255.255	
NE4	4.4.4.4	255.255.255.255	
NE1	1.1.1.1	255.255.255.255	
NE2	2.2.2.2	255.255.255.255	

表 13.8　IS-IS 协议参数规划

网元	系统 ID	进程标识	IS-IS 接口名称
NE21	2102.1021.210	301	loopback 端口:1
			FlexE VEI:1-Subport:1(vlan:301)
			FlexE VEI:2-Subport:1(vlan:301)

续表

网元	系统 ID	进程标识	IS-IS 接口名称
NE22	2202.2022.220	301	loopback 端口:1
			FlexE VEI:1-Subport:1(vlan:301)
			FlexE VEI:2-Subport:1(vlan:301)
NE23	2302.3023.230	301	loopback 端口:1
			FlexE VEI:1-Subport:1(vlan:301)
			FlexE VEI:2-Subport:1(vlan:301)
NE5	5005.0050.500	301	loopback 端口:1
			FlexE VEI:1-Subport:1(vlan:301)
			FlexE VEI:2-Subport:1(vlan:301)
		1	loopback 端口:1
			FlexE VEI:3-Subport:1(vlan:1)
			FlexE VEI:4-Subport:1(vlan:1)
NE6	6006.0060.600	301	loopback 端口:1
			FlexE VEI:1-Subport:1(vlan:301)
			FlexE VEI:2-Subport:1(vlan:301)
		1	loopback 端口:1
			FlexE VEI:3-Subport:1(vlan:1)
			FlexE VEI:4-Subport:1(vlan:1)
NE3	3003.0030.300	1	loopback 端口:1
			FlexE VEI:1-Subport:1(vlan:1)
			FlexE VEI:2-Subport:1(vlan:1)
			FlexE VEI:3-Subport:1(vlan:1)
NE4	4004.0040.400	1	loopback 端口:1
			FlexE VEI:1-Subport:1(vlan:1)
			FlexE VEI:2-Subport:1(vlan:1)
			FlexE VEI:3-Subport:1(vlan:1)
NE1	1001.0010.100	1	loopback 端口:1
			FlexE VEI:1-Subport:1(vlan:1)
			FlexE VEI:2-Subport:1(vlan:1)
NE2	2002.0020.200	1	loopback 端口:1
			FlexE VEI:1-Subport:1(vlan:1)
			FlexE VEI:2-Subport:1(vlan:1)

说明：IS-IS 全网都归属于 area 01，开启 Wide 模式，路由器类型均为 Level 2。

表 13.9　SR-TP 隧道参数规划

参数		取值
基本属性	用户标签	test
	A 端点	NE22
	Z 端点	NE1
	保护类型	带保护
	恢复类型	带恢复
	路由约束	严格约束

续表

参数		取值
其他属性	方向	双向
	激活	激活
约束选项	A-Z（工作业务）	FlexE 以太通道约束
		5G-NE21-NE22-ring1
		5G-NE5-NE21-ring1
		5G-NE3-NE5-ring0
		5G-NE1-NE3-ring0
	A-Z（保护业务）	FlexE 以太通道约束
		5G-NE22-NE23-ring1
		5G-NE23-NE6-ring1
		5G-NE4-NE6-ring0
		5G-NE2-NE4-ring0
		5G-NE1-NE2-ring0
路由计算	保护策略	完全保护
TNP 参数	保护类型	SR 隧道 1∶1 单发双收线性保护
其他参数		默认值

表 13.10　L3VPN 业务（基于 SR-TP 隧道）参数规划

参数		取值
基本属性	用户标签	test
用户侧配置	节点/端口	NE22
		NE22-OIXG2A[0-1-1]-10GE:1-SubPort:1(VLAN122)
		NE1
		NE1-PHCA4T1[0-1-7]-50GE:1-SubPort:1(VLAN122)
网络侧配置	手工指定隧道	test
VRF 配置	添加网元	NE1、NE22

表 13.11　SR 本地前缀 SID 规划

网元	IP 地址	掩码	索引	节点 SID
NE21	21.21.21.21	255.255.255.255	5376	是
NE22	22.22.22.22	255.255.255.255	5632	是
NE23	23.23.23.23	255.255.255.255	5888	是
NE5	5.5.5.5	255.255.255.255	1280	是
NE6	6.6.6.6	255.255.255.255	1536	是
NE3	3.3.3.3	255.255.255.255	768	是
NE4	4.4.4.4	255.255.255.255	1024	是
NE1	1.1.1.1	255.255.255.255	256	是
NE2	2.2.2.2	255.255.255.255	512	是

表 13.12　L3VPN 业务（基于 SR-BE 隧道）参数规划

参数		取值
基本属性	用户标签	test-1
用户侧配置	节点/端口	NE21
		NE21-OIXG2A[0-1-1]-10GE:1-SubPort:1(VLAN123)
		NE23
		NE23-OIXG2A[0-1-1]-10GE:1-SubPort:1(VLAN123)
网络侧配置	自动选择隧道	设备自动选择
VRF 配置	添加网元	NE21、NE23

13.4 任务实施

关于 FlexE 链路的配置在前面任务中已经介绍过了，这里不再赘述，因此我们从 IS-IS 接口开始配置。

1. 配置 IS-IS 协议

（1）在 NE22 网元管理窗口的左侧导航树中，选择"协议配置"→"IS-IS 协议配置"选项，打开 IS-IS 协议配置界面。

（2）在 IS-IS 实例页面，单击"添加"按钮，打开"IS-IS 实例创建"窗口。

（3）在"基本配置"选项卡中，参见表 13.3 基础数据规划，配置 IS-IS 实例相关参数。选中"启用 IS-IS"复选框、"SR 泛洪"复选框和"流量工程"选项组中的"启用"复选框，如图 13.6 所示。

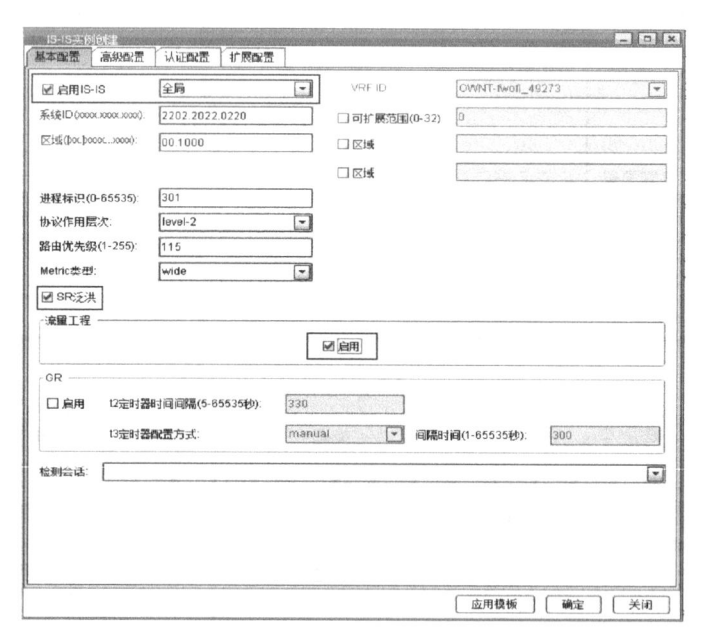

图 13.6　新建 IS-IS 实例

（4）单击"确定"按钮，返回 IS-IS 协议配置界面。创建的 IS-IS 实例进程会显示在 IS-IS 协议配置界面的 IS-IS 实例页面中。

（5）单击选中一条 IS-IS 实例，在下方的"IS-IS 接口"选项卡中，单击"添加"按钮，弹出 IS-IS 接口创建对话框。参见表 13.8 IS-IS 协议参数规划，添加 loopback 接口和 FlexE VEI 子接口到 IS-IS 接口，如图 13.7 所示。

行号	接口名称	层次	DIS选举优先级
1	FlexE VEI:1-SubPort:1(Vlan:112)	level-2	64
2	FlexE VEI:2-SubPort:1(Vlan:123)	level-2	64
3	loopback端口:0	level-2	64

图 13.7　添加 IS-IS 接口

（6）IS-IS 协议配置完成之后，单击"邻居信息"按钮，检查配置下发是否成功，邻居状态显示为 up 时正常，如图 13.8 所示。

行号	VRF ID	邻居标识	系统标识	系统扩展标识	系统类型	状态
1		1950.0200....	1950.0200.0027	0	L2 IntermediateSystem	up
2		1950.0215....	1950.0215.2004	0	L2 IntermediateSystem	up

图 13.8　检查 IS-IS 邻居状态

（7）参见表 13.8 IS-IS 协议参数规划，重复步骤（1）～（6），为 NE21、NE23、NE5、NE6、NE3、NE4、NE1 和 NE2 配置 IS-IS 协议信息。

2．创建 SR-TP 隧道

（1）在 UME 主界面中，选择"业务"区域中的"业务配置"选项，打开业务配置窗口。在业务配置界面的左侧导航树中，选择"隧道"选项，打开隧道管理界面。

（2）单击"新建"下拉按钮，在弹出的下拉列表中选择"SR-TP（切片）"选项，进入新建 SR-TP 隧道界面。

（3）如图 13.9 所示，在"基本属性"选项组中，参见表 13.9 SR-TP 隧道参数规划，设置用户标签、A/Z 端点等参数。

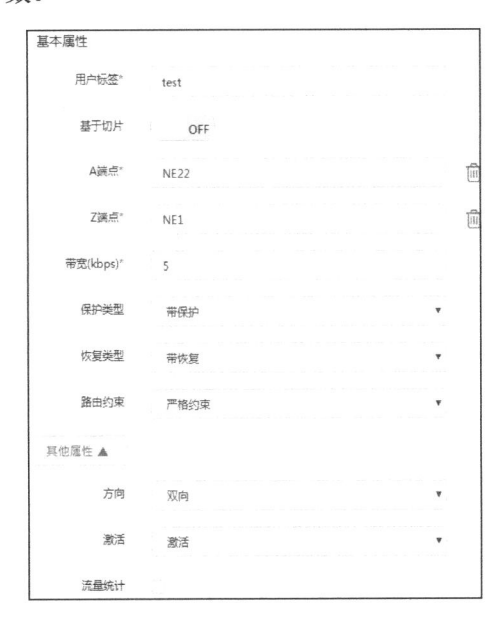

基本属性	
用户标签*	test
基于切片	OFF
A端点*	NE22
Z端点*	NE1
带宽(kbps)*	5
保护类型	带保护
恢复类型	带恢复
路由约束	严格约束
其他属性 ▲	
方向	双向
激活	激活
流量统计	

图 13.9　配置 SR-TP 隧道基本属性参数

（4）如图 13.10 所示，在"路由设置"选项组中单击"路由约束"右侧的"类型"下拉按钮，在弹出的下拉列表中选择"FlexE 以太通道"选项，在打开的 FlexE 以太通道列表中依次选择 SR 隧道的工作路径和保护路径必经的 FlexE 以太通道。

（a）

（b）

图 13.10　设置路由约束条件

（5）如图 13.11 所示，在"路由计算"选项组中，单击"计算"按钮，计算成功后，下方列表显示路由详细信息。

项目 3　5G 承载设备调试和数据配置

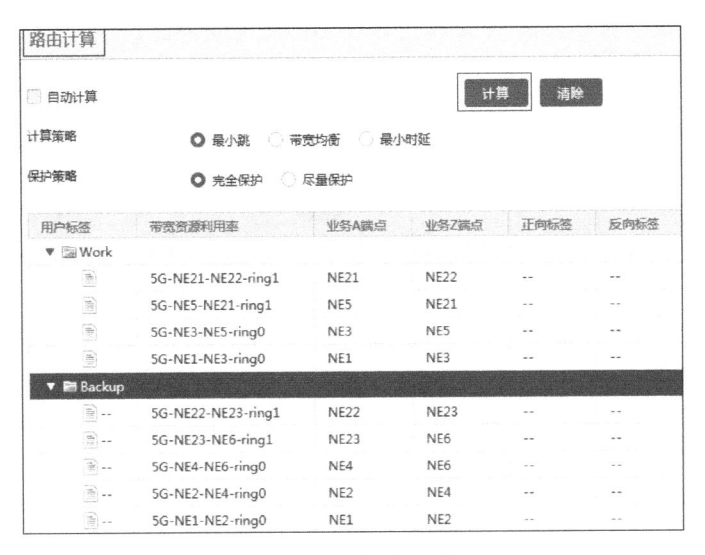

	路由计算				
□ 自动计算				计算	清除
计算策略	● 最小跳	○ 带宽均衡	○ 最小时延		
保护策略	● 完全保护	○ 尽量保护			

用户标签	带宽资源利用率	业务A端点	业务Z端点	正向标签	反向标签
▼ 📁 Work					
--	5G-NE21-NE22-ring1	NE21	NE22	--	--
--	5G-NE5-NE21-ring1	NE5	NE21	--	--
--	5G-NE3-NE5-ring0	NE3	NE5	--	--
--	5G-NE1-NE3-ring0	NE1	NE3	--	--
▼ 📁 Backup					
--	5G-NE22-NE23-ring1	NE22	NE23	--	--
--	5G-NE23-NE6-ring1	NE23	NE6	--	--
--	5G-NE4-NE6-ring0	NE4	NE6	--	--
--	5G-NE2-NE4-ring0	NE2	NE4	--	--
--	5G-NE1-NE2-ring0	NE1	NE2	--	--

图 13.11　计算路由结果

（6）单击"应用"按钮，完成一条 SR-TP 隧道的创建。

3．配置 L3VPN 业务（基于 SR-TP 隧道）

（1）在 UME 页面中，选择"业务"区域中的"业务配置"选项，打开业务配置窗口。在业务配置窗口的左侧导航树中，选择"L3VPN"选项，进入 L3VPN 业务管理界面。

扫一扫看 L3VPN 配置微课视频

（2）单击"新建"下拉按钮，在弹出的下拉列表中选择"新建 L3VPN"选项，进入新建 L3VPN 业务界面。在"基本属性"选项组中，设置用户标签，选择场景。在"用户侧配置"选项组中，添加节点 NE22 和 NE1，并选择对应的 U 侧子接口。

（3）选择"路由配置"选项组，选中"自动计算"复选框，系统自动计算路由。路由计算结果显示在拓扑图右上方的网络侧配置界面中，如图 13.12 所示，选择绑定类型为手工指定隧道，并选择指定隧道为上一步配置的 SR-TP 隧道。

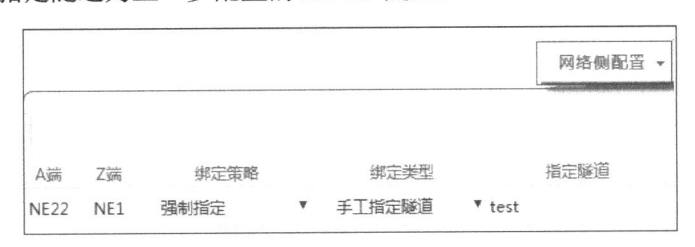

				网络侧配置 ▼
A端	Z端	绑定策略	绑定类型	指定隧道
NE22	NE1	强制指定　▼	手工指定隧道　▼	test

图 13.12　配置网络侧参数

（4）切换至 VRF 配置界面，单击"添加"按钮，将 NE22、NE21、NE5、NE3 和 NE1 网元添加至 VRF 中。

（5）单击"应用"按钮，完成 L3VPN 业务的配置。

4．配置 SR 本地前缀 SID

（1）在网元管理窗口的左侧导航树中，选择"业务配置"→"SR 本地前缀 SID 配置"选项，打开 SR 本地前缀 SID 配置窗口。

（2）单击"增加"按钮，进入 IPv4 分段路由前缀配置界面。

（3）如图 13.13 所示，参见表 13.11 SR 本地前缀 SID 规划，设置 IP 地址、索引等参数。

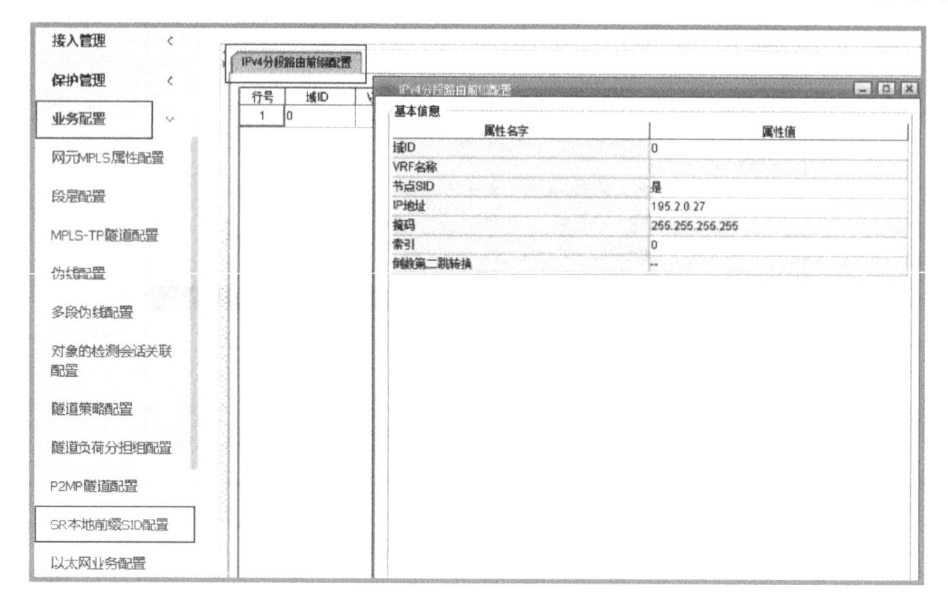

图 13.13　配置 SR 本地前缀 SID

（4）单击"确定"按钮，完成配置。

5．配置 L3VPN 业务（基于 SR-BE 隧道）

（1）在 UME 页面中，选择"业务"区域中的"业务配置"选项，打开业务配置窗口。在业务配置窗口的左侧导航树中，选择"L3VPN"选项，进入 L3VPN 业务管理界面。

（2）单击"新建"下拉按钮，在弹出的下拉列表中选择"新建 L3VPN"选项，进入新建 L3VPN 业务界面。在"基本属性"选项组中，设置用户标签，选择场景。在"用户侧配置"选项组中，添加节点 NE21 和 NE23，并选择对应的 U 侧子接口。

（3）选择"路由配置"选项组，选中"自动计算"复选框，系统自动计算路由。路由计算结果显示在拓扑图右上方的网络侧配置界面中，如图 13.14 所示，选择绑定策略为自动选择、绑定类型为设备自动选择。

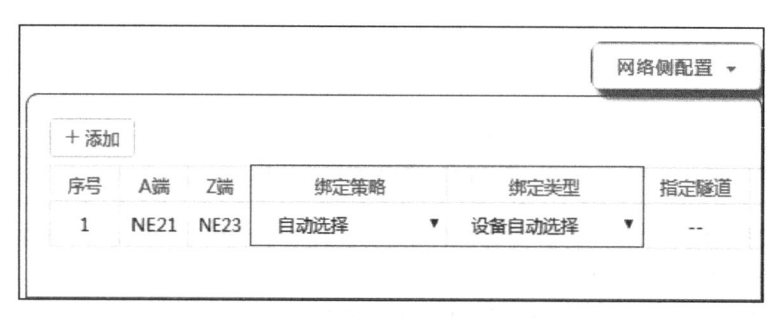

图 13.14　配置网络侧绑定策略

（4）单击"计算"按钮，设备根据添加的接口自动完成 L3VPN 业务的路由计算。

（5）单击"应用"按钮，完成 L3VPN 业务的配置。

任务实施记录单

班级_____ 学号_____ 姓名_____

操作	标准要求	注意事项
配置 IS-IS 协议		
创建 SR-TP 隧道		
配置 L3VPN 业务（基于 SR-TP 隧道）		
配置 SR 本地前缀 SID		
配置 L3VPN 业务（基于 SR-BE 隧道）		

习题 3

1. 请描述 5G 承载网 SR 业务的配置流程。
2. 5G 承载设备调试的安全注意事项有哪些？
3. 5G 承载设备一次电源测试项目有哪些？
4. 如何进行风扇和单板的状态检查？
5. 基础配置需要配置哪些参数？
6. DCN 优化的项目有哪些？
7. 请描述 5G 承载网 FlexE 链路的配置流程。
8. 5G 承载网 FlexE 链路配置的注意事项有哪些？
9. 如何对 5G 承载设备进行清库？
10. 连接 5G 承载设备的方式有哪些？
11. 网管上配置 5G 承载设备的步骤有哪些？
12. 请描述 5G 承载网网络切片的配置流程。
13. 请简述 DCN 和 MCC 两种开局方式的区别。

项目 4

5G 承载网维护

5G 承载网维护的目的是主动发现网络隐患，避免出现异常才开始排查故障；避免告警量不断增大，导致对新增告警的忽略。

学习完本项目的内容之后，我们应该能够：

（1）掌握 5G 承载网日常维护的方法；

（2）掌握 5G 承载网定期维护的方法；

（3）掌握 5G 承载网故障处理的流程。

项目 4 5G 承载网维护

任务 14 5G 承载网日常维护

14.1 任务描述

日常维护是指每天进行的、维护过程相对简单,并可由一般维护人员实施的维护操作。日常维护的目的如下。

(1)及时发现设备所发出的告警或已存在的缺陷,并采取适当的措施予以恢复和处理,维持设备的健康水平,降低设备的故障率。

(2)及时发现业务运行过程中各链路状态或连接状态的异常现象,并采取适当的措施予以恢复和处理,确保业务运行正常。

(3)实时掌握设备和网络的运行状况,了解设备或网络的运行趋势,提高维护人员对突发事件的处理效率。

扫一扫看 5G 承载网日常维护教学课件

14.2 任务目标

(1)了解日常维护的定义;
(2)掌握日常维护的内容;
(3)掌握日常维护的方法。

扫一扫看告警的查看微课视频

14.3 知识准备

1. 维护准备

1)常用维护工具、仪表和材料准备

为了满足正常的维护需求,需要准备常见维护工具,如表 14.1 所示。

表 14.1 常见维护工具

工具	实物图	说明
斜口钳		用于修剪线扣
尖嘴钳		用于剪切线径较细的线缆、弯圈单股的导线接头,剥塑料绝缘层,以及夹取小零件等
老虎钳		用于起取或夹断的操作
剥线钳		用于剥离线缆外皮
卡线钳		用于压接电话线和网线水晶头
压线钳		用于压接线片
电工刀		用于剥削电线绝缘层
壁纸刀		用于裁纸张和开箱等

续表

工具	实物图	说明
吸尘器		吸取机房中的灰尘
防静电手环		使操作工人接地，充分保护静电敏感装置和 PCB
防静电手套		避免人体产生静电对产品造成破坏
镊子		用于夹持导线、元件及集成电路引脚等
拔片器		用于插拔芯片
拔纤器		用于插拔线缆或光纤
可调扳手		用于拧紧螺钉
螺钉旋具		包括 1 号十字螺钉旋具、2 号十字螺钉旋具、1 号一字螺钉旋具、2 号一字螺钉旋具，用于拧紧螺钉
环境监测类仪表		机房需要常备温度计和湿度计，用于监测设备运行的环境
光功率计		用于测量光功率
数字万用表		用于测量电流、电压、电阻值
光衰减器		用于调试光功率性能及降低光功率
尾纤跳线		光缆终端盒和设备之间连接所用的光纤
扎带		用于捆绑线缆
记号笔		用于在纸张、木材、金属、塑料、搪陶瓷等一种或多种材料上做记号或标志
可选工具和仪器	—	网线测试仪、光通信仪表、SDH 综合分析仪、便携式计算机（网卡和网线）

2）人员准备

要求维护人员具备以下知识。

（1）熟悉多业务承载、分组传送等通信专业知识。

（2）熟悉 BGP、OSPF、LDP 等相关信令协议。

（3）了解以太网、MPLS-TP、SDH（Synchronous Digital Hierarchy，同步数字体系）等承载网络基础知识。

（4）熟悉设备产品的功能结构、业务流程等产品知识。

此外，还需要掌握维护网络的系统组网和运行环境，包括需要维护设备的硬件结构、性能参数、使用的信令协议和网络中的使用定位。维护人员应熟悉使用各种仪表、仪器来定位故障。

维护内容主要有以下几个方面。

2．通过告警模板查看重要告警

网管会默认创建承载设备在 5G 各种场景下常用告警查询模板，我们也可以根据需求和维护习惯去创建相对应的模板，然后可以通过模板查询全网承载设备存在的当前重要告警，提高日常巡检和维护效率。

当前告警默认模板有以下内容。

（1）承载设备当前隧道维护点告警。

（2）承载设备当前隧道告警。

（3）承载设备当前伪线维护点告警。

（4）承载设备当前伪线告警。

（5）承载设备当前硬件告警。

（6）承载设备当前主备 MAC 不同步告警。

（7）承载设备当前重要性能越限告警。

（8）承载设备当前设备 CPU、内存、温度和电压越限告警。

（9）承载设备当前时钟告警。

通过告警模板查看历史上频繁出现的告警，排查隐患。我们也可以通过模板查询历史上频繁出现的告警，提前采取措施，消灭隐患于未然。

默认的历史告警模板有以下内容。

（1）承载设备历史隧道维护点告警。

（2）承载设备历史隧道告警。

（3）承载设备历史伪线维护点告警。

（4）承载设备历史伪线告警。

（5）承载设备历史硬件告警。

（6）承载设备历史主备 MAC 不同步告警。

（7）承载设备历史重要性能越限告警。

（8）承载设备历史设备 CPU、内存、温度和电压越限告警。

（9）承载设备历史时钟告警。

查看当日出现的业务告警，做好记录及跟踪处理过程，并输出相关文档。

3. 查询以太网端口告警

以太网业务是目前最为广泛的业务类型，以太网端口告警自然也成为最常出现且最重要的告警之一。我们可以通过网管上自定义告警查询模板定期查看以太网端口告警，及时发现以太网端口异常状态，并参考相关手册及时排除故障。应重点关注业务所在以太网端口的告警情况。

常见的以太网端口告警有以下 4 种。

（1）以太网物理接口（ETPI）强制关闭端口。
（2）以太网物理接口（ETPI）Ethernet 端口未连接。
（3）以太网物理接口（ETPI）Ethernet 端口半双工连接。
（4）以太网物理接口（ETPI）以太网端口振荡。

4. 查询 SDH 光端口告警

SDH 作为传统业务类型，在现网依然存在，也是我们需要处理的告警之一。我们可以通过网管上自定义告警查询模板定期查看 SDH 光端口告警，及时发现 SDH 光端口异常状态，并参考相关手册及时排除故障。应重点关注业务所在 SDH 光端口的告警情况。

常见的 SDH 光端口告警有以下 10 种。

（1）光模块未安装。
（2）光模块未认证。
（3）信号劣化（LOS）。
（4）发送失效（TF）。
（5）光模块故障。
（6）输入光功率（dBm）越限。
（7）输出光功率（dBm）越限。
（8）端口和光模块速率不匹配。
（9）激光器偏流（mA）越限。
（10）激光器温度（℃）越限。

5. 数据备份与恢复

为了保障 ZENIC ONE R22 网管系统的安全性，需要定期对 ZENIC ONE R22 的数据进行备份操作。当 ZENIC ONE R22 异常时，可通过 ZENIC ONE R22 执行恢复操作，通过已备份的数据将 ZENIC ONE R22 恢复到备份前的状态。

1）数据备份的内容

（1）基础数据备份。

基础数据备份指备份所有基础数据，属于全量备份。备份的数据不包括表结构和历史告警、通知、日志、性能、原始数据等历史数据。

需要恢复基础数据时，可以在指定目录下使用离线恢复工具，在各服务关闭的情况下，选择备份产生的文件执行基础数据恢复。

（2）业务数据备份。

业务数据备份指备份 REM 模型数据、历史性能、告警数据、备份恢复数据和日志数据，属于增量备份。

2）数据备份操作

（1）手工备份。

在 ZENIC ONE R22 主页面中，选择"系统"区域中的"备份恢复"选项，打开备份恢复界面。在备份恢复页面的左侧导航树中，选择"手工备份"选项，进入手工备份界面，如图 14.1 所示。

图 14.1　手工备份数据

根据备份对象的不同，执行相应的操作，如表 14.2 所示。

表 14.2　手工备份数据操作

备份内容	执行操作过程
基础数据备份	在"基础数据备份"选项卡中，设置备份参数配置。 单击"执行"按钮，完成基础数据备份的操作。 在"基础数据备份列表"中显示备份的名称、备份内容和执行结果
业务数据备份	切换至"业务数据备份"选项卡，在"业务数据备份列表"中，选中目标备份数据，单击操作栏后的配置按钮，进入备份恢复参数设置界面。 设置备份过滤方式、备份选择、超时时间等参数。 单击"执行"按钮，完成业务数据备份的操作

（2）自动备份。

自动备份指按照所设置的时间，在该时间点自动执行备份操作，系统默认在每天的 01:00 开始执行基础数据自动备份操作。ZENIC ONE R22 支持通过设置基础数据自动备份任务或业务数据自动备份任务，对数据文件进行周期性的备份，避免最新数据丢失。

在执行自动备份时，为了避免自动任务在同一时间并发执行，造成系统负荷太重。基础数据备份准时执行；业务数据备份统一延后 1h 开始调度，且各业务数据执行时间在 1h 内随机分布。

基础数据自动备份的数据为全量数据，支持手工指定备份服务器和超时时间，可以手工设置自动备份的开关及备份周期。自动备份开关默认打开，备份周期默认为按天且每天均执

行备份操作。

在 ZENIC ONE R22 主界面中，选择"系统"区域中的"备份恢复"选项，打开备份恢复界面。在备份恢复界面的左侧导航树中，选择"自动备份"选项，切换到自动备份界面，如图 14.2 所示。

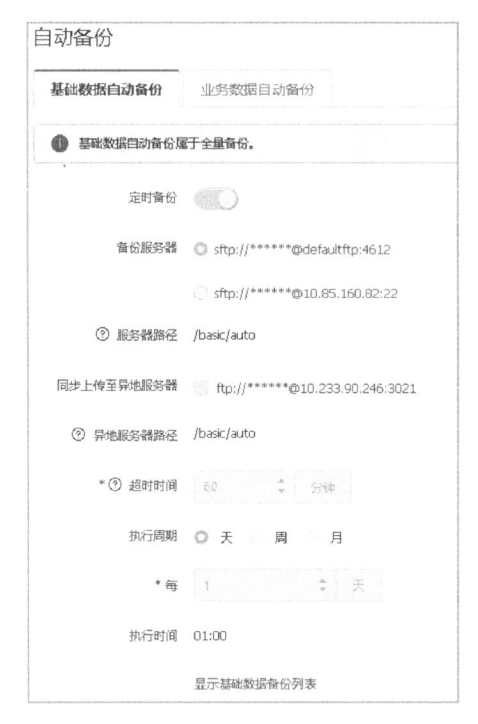

图 14.2　自动备份数据

根据备份对象的不同，执行相应的操作，如表 14.3 所示。

表 14.3　自动备份数据操作

备份内容	操作过程
自动备份基础数据	在"基础数据自动备份"选项卡中，单击"修改"按钮，设置自动备份任务的执行周期、超时时间、定时备份，然后单击"确定"按钮，自动备份任务设置成功
自动备份业务数据	切换至"业务数据自动备份"选项卡，在业务数据自动任务列表中，选择所需备份的数据（如备份恢复日志），单击操作栏后的配置按钮，打开备份恢复界面。 在"备份恢复"选项卡中，单击"修改"按钮，设置自动备份任务的执行周期、超时时间。 在备份项与清理设置区域，单击待配置的备份项操作栏的修改按钮，设置清理周期。 备份数据不同，待清理的备份项与清理设置也不同。 然后单击"确定"按钮，自动备份任务设置成功

3）数据恢复

数据恢复过程与数据备份过程相反，参考数据的备份过程，这里不再详细介绍。

6．部件更换

在我们日常维护的过程中，难免出现设备部件的故障或版本升级，所以需要对设备部件进行更换升级。

项目 4 5G 承载网维护

1）设备部件更换应用场景

（1）设备维护。

部件更换是维护人员进行设备维护的常用手段。维护人员可以通过告警或其他设备维护信息确定硬件故障的范围。

若单板或插箱部件因故障已经退出服务，可以直接进行更换操作。

若待更换部件未退出服务，则需要先执行操作使部件退出服务，然后进行更换操作。

（2）硬件升级。

当部件增加新功能时，需要对硬件进行升级，如更换芯片等。此时需要对部件进行拔出、插入和恢复运行等操作。

（3）设备扩容。

当对设备扩容时，可能需要对某些部件进行拔出、插入等更换操作。

2）部件更换流程

维护人员在执行部件更换操作时，必须严格遵循操作流程，如图 14.3 所示。

（1）评估操作可行性。

进行更换操作之前，维护人员需要先评估本次操作的可行性。只有在风险可控的情况下，才能执行更换操作。

维护人员的基本操作技能：维护人员应熟悉设备各部件的功能，掌握更换部件的操作技能。

操作风险：为避免造成人身伤害等事故，维护人员需要全面评估本次操作的风险，必要时可采用技术保护措施来规避风险。

（2）准备更换板件。

在日常维护过程中，可能会更换的板件如下：主控板、交换板、业务板、电源板、风扇单元、防尘网、光模块、光衰减器、转换架、线缆。

（3）倒换或割接业务。

为了避免业务中断，执行更换操作前，需要先进行业务倒换或割接。例如，更换主控板时，维护人员应先检查当前业务在主用还是备用主控上，若业务在主用主控上，需要先进行业务倒换，确保备用主控运行正常后才更换主用主控板。

（4）更换备件。

为了保证操作的正确性，维护人员应严格遵守操作步骤，具体操作步骤参见部件更换过程。

（5）调试新备件。

更换操作完成后，需要对新部件的功能进行调试。仅当新部件的各项功能均正常时，更换操作才算成功。否则，应联系厂家技术支持人员寻求帮助。

（6）回切业务。

更换成功后，将业务倒换回更换前的状态。

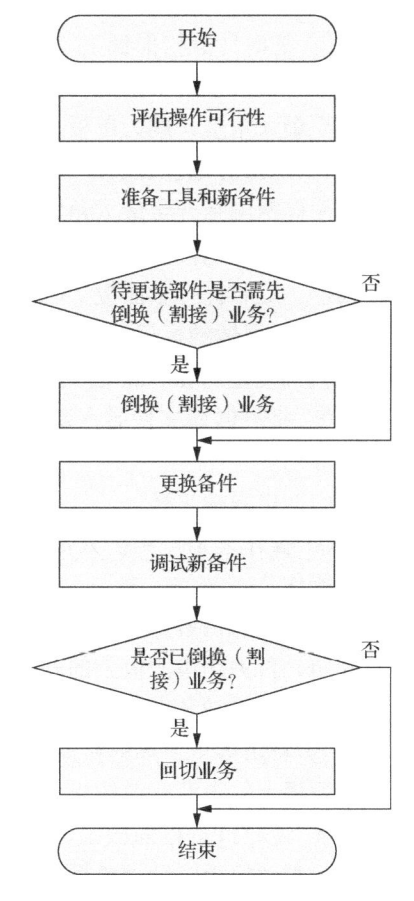

图 14.3 部件更换流程

3）主要部件更换操作

（1）主控板更换。

对于单主控设备，为了避免更换操作导致设备数据丢失，在拔板之前需要先备份网元数据。

新主控板与待更换主控板的硬件版本要求一致，新主控板与待更换主控板的软件版本可以不一致，但完成换板操作后，需要对新主控板进行升级操作。

① 备份 startrun.dat 文件。

② 确认待更换的主控板的安装位置，在拔出待更换的主控板之前，维护人员应先确认该单板所在的机柜、机架、槽位等位置信息。

③ 将防静电手环的接地端插入插箱上的 ESD 插孔。

④ 在物理设备上将主控板的线缆拔出，并做好线缆标记。标记线缆的目的是便于区分主控板上对应的接口，以免混淆。

⑤ 逆时针旋松面板上、下两端的松不脱螺钉，拇指按下单板面板上、下扳手 PUSH 按钮，同时将扳手向两侧稍稍扳开，松开拇指，等待至单板 SPB 指示灯变蓝色后，向两侧扳动扳手至最大角度，助力单板拔出，将拔出的主控板放入防静电包装盒中。

⑥ 从防静电包装盒中取出新主控板，拇指按下单板面板上、下扳手 PUSH 按钮，同时将扳手向两侧扳开至最大角度，松开拇指。一只手握住单板面板，另一只手向上托单板下边沿，沿槽位滑道向内推入单板。两手握上、下扳手，用力向内扣合扳手，将单板完全插入背板插座，顺时针拧紧面板上、下两端的松不脱螺钉，将单板固定在插箱内。

⑦ 根据做的标记记录将线缆正确地插入新主控板，恢复 DCN 方式监管设备，将设备的重启模式设置为 noload 模式，并重启设备。

⑧ 将数据库文件导入新主控，执行 write 操作，设置设备的重启模式为 txt 模式，并重启设备。

（2）电源板更换。

① 操作之前，维护人员应先确认电源板所在的机柜、插箱及槽位等位置信息，以免发生误操作。

② 确认好故障板件后，需要先关闭电源分配箱上待更换电源板对应的断路器，给电源板断电，再关闭电源板上的开关。ZXCTN 6700 配置有电源板 1+1 保护，当主用电源板发生故障时，先将业务切换到备用电源板，再进行更换单板操作，以上操作业务不中断。

③ 将防静电手环的接地端插入插箱上的 ESD 插孔。操作维护人员佩戴好防静电手环后，将电源板上的电源线缆拔出，并做好标记。

④ 逆时针旋松面板上、下两端的松不脱螺钉，同时将面板上、下扳手向外扳开至最大角度，扳动扳手，助力单板拔出。

⑤ 将备用电源板面板上、下扳手向外扳开至最大角度，左手握住电源板面板，右手向上托电源板下边沿，沿槽位滑道向内推入电源板。单板完全插入背板插座，顺时针旋紧面板上、下两端的松不脱螺钉，将单板固定在插箱内。

⑥ 将电源线缆按照原来的位置插入新电源板的电源插口，用数字万用表测量电源电压及极性。开启电源板上的开关，再开启电源分配箱上新电源板对应的断路器。

（3）风扇的更换。

风扇单元在不同的环境下平均寿命不同，分为以下两类：在温湿度受控的机房环境下，

风扇单元的平均寿命为 6.5 年；在温湿度不受控制的机房和室外环境下（高腐蚀性地区除外），风扇单元的平均寿命为 5 年。这两类寿命数据是理论模型推导及业界实际应用情况综合得出的平均值，不是实际的寿命值，不同环境，影响因素不同，风扇单元的寿命也不同。同时，这两类寿命数据不代表到达该年限风扇单元立即失效，而是作为参考值，提醒是否有必要执行新风扇插箱更换。

更换风扇时请尽快完成，如果时间过长，可能因为温度过高造成设备主备倒换或系统复位甚至板卡烧毁，请务必谨慎操作。常温（25℃）环境下，要求在 1min 内完成风扇更换，风扇拔出后，不可触摸还在运转的扇叶。

① 首先我们维护人员应先确认风扇所在的机柜、插箱、槽位等位置信息，以免发生误操作。将防静电手环的接地端插入机架上的 ESD 插孔，操作人员佩戴好防静电手环。

② 将风扇单元从插箱槽位中拔出。一只手按压业务风扇盒拉手内部的锁定按钮，将业务风扇盒沿着槽位向外轻轻拉出约 5cm。另一只手托住风扇盒底部，辅助风扇盒拔出，待风扇完全停止转动后，将业务风扇盒完全拉出。

③ 手托业务风扇盒至安装槽位处，将风扇盒对准槽位内的左右导轨，完全推入槽位中，直到听到"啪"的锁定声音。

(4) 防尘网的更换。

为了保证系统散热和通风状况良好，应定时关注设备防尘网的使用情况，进行定期除尘更换。当网管上报防尘网清洗告警时，应及时对防尘网除尘清洁，避免被灰尘堵住；当网管上报防尘网堵塞告警时，应及时对防尘网进行更换，拆卸下来的防尘网不能再次使用，应及时销毁。

① 首先维护人员应先确认防尘网所在的机柜、插箱、槽位等位置信息，以免发生误操作。然后将防静电手环的接地端插入插箱上的 ESD 插孔，佩戴好防静电手环准备进行更换操作。

② 沿着插箱安装位置的导槽平行向外拉，将防尘插箱从设备插箱中拔出，如图 14.4 所示，并将取下的防尘插箱放入防静电包装盒中。

③ 逆时针旋下机柜门上固定防尘海绵的螺钉，将防尘海绵从机柜门上慢慢撕下，如图 14.5 所示。

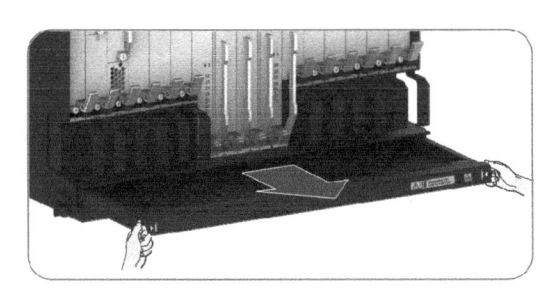

图 14.4　更换防尘网

图 14.5　更换防尘海绵

④ 从防静电包装盒中取出新防尘插箱，对准插箱待安装位置的导槽，平稳地将防尘插箱推入设备插箱，直到发出"咔嗒"的锁定声。

⑤ 将防尘海绵放在机柜门上待安装的位置，顺时针旋紧螺钉固定防尘海绵。

（5）光模块的更换。

在故障处理及日常维护过程中，当光模块故障时需要更换光模块。更换可插拔光模块时，无须拔插单板；更换不可插拔光模块时，需要更换对应的单板。

① 更换光模块过程会导致业务中断，建议在业务量较小的时间段进行操作，如 00:00am 至 06:00am 之间，光模块是静电敏感器件，更换过程中应采取防静电措施，避免损坏。不要通过光纤直接自环来检测光信号是否正常，避免损坏光模块。

② 更换光模块之前，维护人员应先确认光模块所在的机柜、插箱、槽位等位置信息，以免发生误操作。

③ 在网管的资源区域，单击"报表管理"按钮，打开报表管理界面，在界面的左侧导航树中，选择"SPN 报表"→"光模块信息报表"选项，打开光模块信息查询界面。在左侧列表中，选择待查询的网元，单击"查询"按钮，即可查看该网元上的光模块类型等参数。更换的模块必须和原有模块类型一致。

④ 将防静电手环的接地端插入插箱上的 ESD 插孔，佩戴好防静电手环，检查光模块端口上的尾纤标签是否正确，如果标签标记和端口对应关系正确，握住光纤连接器将光纤从单板的光接口中拔出，在连接器上套上尾纤帽。

根据光模块类型拆卸对应光模块，具体如表 14.4 所示。光模块拆卸如图 14.6 所示，CFP 模块拆卸如图 14.7 所示。

表 14.4 模块拆除

模块类型	拆除方法
拆卸 SFP/SFP+/QSFP28/CFP2 光模块	① 食指将光模块的拉手环向外推开，旋转 90°，使光模块充分解锁。 ② 沿轴线向外轻拉光模块至完全分离，完成拆卸。 ③ 将更换下来的光模块放入防静电包装盒中
拆卸 CFP 光模块	① 逆时针旋松光模块的松不脱螺钉。 ② 沿轴线向外轻拉光模块至完全分离，完成拆卸。 ③ 将更换下来的光模块放入防静电包装盒中

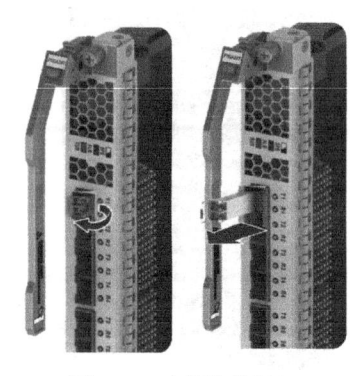

图 14.6 光模块的拆卸

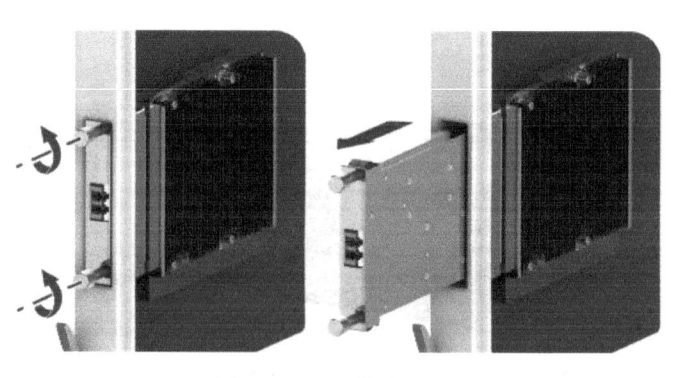

图 14.7 CFP 模块拆卸

⑤ 根据光模块类型安装对应光模块，安装的过程和拆卸的过程相反，这里不再赘述。

⑥ 光模块安装完成后，取下光纤连接器上的尾纤帽，将光纤重新插回对应的光接口。

⑦ 在设备上查看光接口的"LINK"指示灯。若绿灯长亮，表示接口连接状态有效，更换成功；若灯灭，表示接口处于无连接状态，确认光模块类型是否匹配，光纤连接是否正确。

7．维护注意事项

1）光接口维护注意事项

（1）未用的光接口一定要用防尘帽盖住。可以预防维护人员无意中直视光口损伤眼睛。可以起到对光口防尘的作用。避免灰尘进入光口，影响发光口的输出光功率和收光口的接收灵敏度。

扫一扫看维护注意事项微课视频

（2）严禁直视光接口，以防激光灼伤眼睛。

（3）定期清洁光接口，保证光接口不受污染。

2）单板维护注意事项

（1）做好防静电措施，避免损坏设备。

由于人体会产生静电荷，并在人体上存在较长时间，所以为了防止人体静电损坏敏感元器件，在接触设备时必须佩戴防静电手环，并将防静电手环的另一端良好接地。单板在不使用时要保存在防静电袋内。

（2）注意单板的防潮处理。备用单板的存放必须注意环境温、湿度的影响。

保存单板的防静电袋中一般应放置干燥剂，以保持袋内的干燥。当单板从一个温度较低、较干燥的地方拿到温度较高、较潮湿的地方时，至少需要等 30min 以后才能拆封。否则，会导致水汽凝聚在单板表面，损坏器件。

（3）插拔单板时要小心操作。

设备单板有很多插针，如果操作中不慎将插针弄歪倒或断裂，可能会影响整个系统的正常运行，严重时会引起短路，造成设备瘫痪。

3）设备维护注意事项

设备维护需要重点关注上电、关电、部件更换等过程的事项。

（1）设备上电。

将子架供电断路器拨至"ON"，接通设备电源。

观察风扇运转及各单板的运行状态。如果状态不正常，应立即检查，并排除故障。设备投入运行后，应定期检查风扇运转，以保证设备散热良好。

（2）设备关电。

将子架断路器拨至"OFF"，关断设备电源。

设备投入使用后，为了保障传送的业务不中断，应尽量避免进行断电操作。严禁带电安装、拆除电源线。带电安装或拆除电源线时会产生电火花或电弧，易导致火灾或使眼睛受伤。

（3）部件更换。

在部件更换过程中，维护人员需要注意避免对设备造成损坏或使业务受到影响。需要注意的设备安全事项包括以下 4 点。

① 部件更换过程中注意避免对设备造成其他的损坏。例如，避免野蛮操作导致背板插针弯曲。

② 部件更换过程中尽量不影响系统正常运行的业务。

③ 建议不要在业务高峰时期更换可能影响业务的部件，尽量选取业务量最低的时间进行部件更换，如凌晨 00:00am～06:00am 之间。

④ 对于主备用运行的部件，禁止直接更换主用部件，应该先进行主备倒换，确认需要更换的部件变为备用状态时再进行更换。

4）网管维护注意事项

（1）在系统正常工作时不应退出网管。虽然退出网管不会中断业务，但会失去对设备的监控能力。

（2）为不同的用户指定不同的网管登录账户，分配相应的操作权限，并定期更改网管口令以保证安全性。

（3）禁止在业务高峰期使用网管调配业务。一旦出错，影响很大，应该选择在业务量最小的时候进行业务调配。

（4）进行业务调配后应及时备份数据，以备发生故障时实现业务的快速恢复。

（5）禁止在网管计算机上执行与业务无关的操作。例如，禁止在网管计算机上玩游戏，复制或删除与业务无关的软件或文件。

（6）定期使用杀毒软件对网管计算机进行杀毒，防止感染计算机病毒。

14.4 任务实施

根据表 14.5 完成相关的维护操作。

表 14.5　日常维护单

维护项目	维护对象	检查标准
查询以太网端口告警	全网网元	无以太网端口异常告警。 以太网物理接口（ETPI）强制关闭端口 以太网物理接口（ETPI）Ethernet 端口未连接 以太网物理接口（ETPI）Ethernet 端口半双工连接 以太网物理接口（ETPI）以太网端口振荡
查询网元断连类告警	全网	无网元断连类异常告警。 网管系统告警，网元链路断开 承载网管系统告警，网元断连 承载网管系统告警，网关网元链路断开
查询以太网接口相关性能	全网以太网接口	—
查询光模块相关性能	全网光模块	—
查询流量统计情况	全网	—
检查设备单板电压性能	电源板	≥30V
检查设备单板温度性能	主控板	<60℃
检查单板 CPU/内存性能	主控板	CPU<50% 内存<90%
排查异常业务	全网	单点业务配置数据和端到端业务配置数据一致

任务实施记录单

班级_____ 学号_____ 姓名_____

操作	标准要求	注意事项
查询以太网端口告警		
查询网元断连类告警		
查询以太网接口相关性能		
查询光模块相关性能		
查询流量统计情况		
检查设备单板电压性能		
检查设备单板温度性能		
检查单板 CPU/内存性能		
排查异常业务		

任务 15　5G 承载网定期维护

15.1　任务描述

定期维护是指按一定周期（如每周、每月、每季度）进行的、维护过程相对复杂，且多数情况下需要由经过专门培训的维护人员实施的维护操作，如硬件检查、操作系统检查等。

定期维护目的如下。

（1）通过定期维护和保养设备，使设备的运行长期处于良好的状态，确保系统能够安全、稳定、可靠地运行。

（2）通过定期检查、备份、测试等手段，及时发现设备在运行过程中所出现的自然老化、功能失效、性能下降等缺陷，并采取适当的措施及时予以处理，以消除隐患，预防事故的发生。

15.2　任务目标

（1）掌握每周维护的方法；
（2）掌握每月维护的方法；
（3）掌握每季维护的方法。

15.3　知识准备

定期维护分为每周维护、每月维护和每季维护。

1．每周维护

1）检查电源电压

检查标准：测试结果满足环境指标中的"电源要求"。

异常情况/处理建议：当测试结果超出范围时，应及时检查设备输入电源。

2）检查电源线、地线

检查标准：配线架地（防雷地）应同工作地、保护地分开敷设。由于机柜直接与外线相连，为了防止异常电压、电流通过外线输入设备导致设备烧毁，严禁将三者合成一起敷设。市电在接入一次电源前必须配备防雷装置。电源线、地线连接应牢固，无锈蚀。

异常情况/处理建议：当电源线、地线连接不恰当时，应重新连接或更换。

3）检查机房环境

检查标准：机房关键通道顺畅，未与水、气管道混杂。照明设备正常，消防器材到位，地板铺设符合要求，未有损坏，且支柱接地良好。房间对外的孔洞、线缆通道的缝隙处封闭良好，封闭材料未变形和断裂。线缆沟槽配备防潮措施，线缆保护层未出现霉变。

异常情况/处理建议：当机房环境不满足要求时，应立即通知相关部门处理。

4）检查机房温度

检查标准：保证设备良好性能的温度范围为 5～40℃；保证设备正常工作的温度范围为 −5～+45℃。

异常情况/处理建议：建议在机房安装空调，调节机房温度，满足设备长期稳定工作的温度要求。

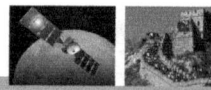

5）检查机房湿度

检查标准：保证设备良好性能的湿度范围为 20%～80%；保证设备正常工作的湿度范围为 5%～90%。

异常情况/处理建议：在湿度严重不合格的地区，建议安装湿度调节设备；对于湿度较大的地区，建议配备防潮设备。

6）检查空调运行状态

检查标准：在设定的温度和湿度范围内正常工作。

异常情况/处理建议：当空调出现故障时，应及时联系空调维修人员检修。

7）检查机柜清洁

检查标准：机柜表面无积灰，无明显污渍；机柜内部无异物。

异常情况/处理建议：当机柜不满足清洁要求时，通过以下方法清洁机柜。

（1）使用无水酒精清洁机柜表面，注意不要污染机柜内部板卡和元器件。

（2）将机柜侧面和底部的防尘网拆下，使用中性洗涤液清洗。

（3）检查机柜内部是否有异物，及时清除。

（4）若不能自行处理，应及时上报检修。

8）检查防尘措施

检查标准：满足防尘指标，即灰尘直径$>5\mu m$ 的灰尘粒子浓度$\leq 3\times 10^4$ 粒/m^3。严禁有导电性、导磁性和腐蚀性灰尘。保证设备表面无积灰、无污渍。若有人值守机房，维护人员应每日检查防尘措施是否落实；若无人值守机房或户外，应每月清洁设备表面积灰，检查防尘措施的落实情况。

异常情况/处理建议：

（1）窗户使用双层玻璃加以密封，并在门窗边缘加装防尘密封橡胶条。

（2）严禁机房内及周边存在强磁、强电或强腐蚀性物体，以免产生有害粉尘。

（3）进入机房前，更换工作服和鞋。

9）检查蓄电池

检查标准：蓄电池正常工作。

异常情况/处理建议：当发现蓄电池有问题时，应及时更换。

10）检查风扇运转情况

检查标准：风扇运转正常，无明显机械噪声。

异常情况/处理建议：若风扇故障，检查风扇子架的电源线连接，或更换风扇子架。如果仍无法解决，应通知设备维护人员检修。

11）检查机柜和单板运行情况

检查标准：机柜和各单板指示灯显示正常运行，无告警。

异常情况/处理建议：若发现指示灯状态异常，根据指示灯状态判断故障原因。如果仍无法解决，应联系厂家专业人员处理。

2. 每月维护

1）检查备件

（1）通过对库房中的备件的定期检查，保证备件的安全可靠。

扫一扫看每月维护微课视频

（2）查看单板类、整机类备件的存储时间，按照以下原则向厂家送检备件。

① 对库龄超过 1 年小于 3 年的备件按 1 次/年的频率进行送检。

② 对库龄超过 3 年小于 6 年的备件按 1 次/半年的频率进行送检。

（3）检查备件是否存在包装破损、跌落、撞击、进水或受潮等情况，若存在，向厂家进行送检。

2）检查隧道数目是否越限

（1）在周期维护过程中，需要定期检查隧道数目是否越限，便于合理规划网络的隧道配置。重点关注核心汇聚层网元。

（2）如果隧道数目超过设定的上限，则重新配置该网元上的隧道数目，确保隧道数目小于等于设定的上限。

3）检查伪线数目是否越限

（1）在周期维护过程中，需要定期检查伪线数目是否越限，便于合理规划网络的伪线配置。重点关注核心汇聚层网元。

（2）如果伪线数目超过设定的上限，则重新配置该网元上的伪线，确保伪线数目小于等于设定的上限。

4）检查隧道保护组数目是否越限

（1）在周期维护过程中，需要定期检查隧道保护组数目是否越限，便于合理规划网络的隧道保护。重点关注核心汇聚层网元。

（2）如果隧道保护组数目超过设定的上限，则重新配置该网元上的隧道保护组，确保隧道保护组数目小于等于设定的上限。

5）检查 OAM 数目是否越限

（1）在周期维护过程中，需要定期检查 OAM 数目是否越限，便于合理规划网络的 OAM 配置。重点关注核心汇聚层网元。

（2）如果 OAM 数目超过设定的上限，则重新配置该网元上的 OAM，确保 OAM 数目小于等于设定的上限。

6）检查业务实例数是否越限

（1）在业务维护过程中，需要定期检查业务实例数是否越限，便于合理规划网络的业务配置。重点关注核心汇聚层网元。

（2）如果业务实例数超过设定的上限，则重新配置该网元上的 L3VPN 业务，确保业务实例数小于等于设定的上限。

7）检查路由表条目是否越限

（1）在路由维护过程中，需要定期查看路由表条目是否越限，便于合理规划网络路由。重点关注核心汇聚层网元。

（2）如果查询到的路由表中路由条目超过 1000，则重新配置网元的 IPv4 路由。

3．每季维护

1）分析网络层次架构是否合理

通过拓扑图分析查看网络的层次和架构是否合理，是否满足后续业务增长和5G基站业务需求。若不满足要求,则重新规划和部署组网。

(1)核心层:负责提供核心节点间的局间中继电路,并负责各种业务的调度,具有大容量的业务调度能力和多业务传送能力。采用 $N×100GE$ 组环,节点数量为 2~4 个,也可以采用 MESH 组网(业务量较大时)。下挂汇聚环不要超过 6 个。小型城市网可能将核心层和汇聚层合并为一层。

(2)汇聚层:负责一定区域内各种业务的汇聚和疏导,具有较大的业务汇聚能力及多业务传送能力。采用 100GE 组环,节点数量为 4~8 个。下挂接入环不要超过 8 个。

(3)接入层:具有灵活、快速的多业务接入能力。采用 25GE/50GE 组环或环带链的方式,节点数量小于 10 个。

2)分析汇聚接入环上的节点数目是否越限

通过网管拓扑图查看分析汇聚环和接入环上的节点数目是否满足要求,合理规划网络拓扑。对于一个合理的网络结构,各环上的节点数需要满足以下要求。

(1)核心层,采用 $N×100GE$ 组环,节点数量为 2~4 个。

(2)汇聚层,采用 100GE 组环,节点数量为 4~8 个。

(3)接入层,采用 25GE/50GE 组环或环带链的方式,节点数量小于 10 个。

若不满足要求,则重新规划和部署组网。

3)统计全网网元拓扑成环率

定期统计网络中网元的拓扑成环率,用于分析网络架构划分是否合理,合理规划网络拓扑。维护网元为全网网元,维护周期为每季。通过生成链路成环率统计报表,查看成环率统计信息。若不满足要求,则重新规划和部署组网。

4)统计汇聚层网元拓扑成环率

定期统计汇聚层网元的拓扑成环率,用于分析汇聚层网络架构划分是否合理,合理规划网络拓扑。根据网络规范,汇聚层网元的拓扑成环率应为 100%。维护网元为汇聚层网元,维护周期为每季。通过生成链路成环率统计报表,查看汇聚层成环率统计信息。若不满足要求,则重新规划和部署组网。

5)统计空闲槽位和空闲端口占比

在日常维护中,需要定期统计槽位和端口利用率,了解空闲槽位和空闲端口占比情况,并导出统计结果到 Excel 表中进行比对分析,满足后续查询需求。网管提供对应统计报表来统计空闲资源,如空闲槽位占用率、空闲端口占用率,便于用户了解槽位和端口的使用情况,分析设备空闲资源。

对端口利用率的统计可结合组网规划,分别统计以下不同网络层次的端口:核心层网络侧端口利用率、汇聚层网络侧端口利用率和汇聚层用户侧端口利用率。

15.4 任务实施

根据表 15.1 完成相关维护操作。

表 15.1 定期维护清单(槽位、端口、设备统计)

维护项目	维护对象
网元槽位信息报表	统计对象:槽位。 空闲槽位:网元的空闲槽位数。 总槽位:网元的总槽位数。 百分比:空闲槽位占总槽位数的百分比
设备端口状态统计报表	统计对象:端口。 端口总数量:网元中某类型端口的总数量。 占用数:占用的端口数量。 空闲数:空闲的端口数量。 占用率:占用端口占总端口数的比率
设备类型统计报表	统计对象:在网设备。 数量:全网中某类型设备的数量。 设备百分率:某类型设备占全网设备的百分比

任务实施记录单

班级_____ 学号_____ 姓名_____

操作	标准要求	注意事项
网元槽位信息报表		
设备端口状态统计报表		
设备类型统计报表		

项目 4　5G 承载网维护

任务 16　5G 承载网故障处理

16.1　任务描述

当网络中出现故障时，需要及时正确地处理故障，避免给通信业务带来影响。

扫一扫看 5G 承载网故障处理教学课件

扫一扫看 5G 承载网故障处理微课视频

16.2　任务目标

（1）掌握 5G 承载网故障处理的流程；
（2）能分析 5G 承载网故障的原因；
（3）会处理常见的 5G 承载网故障。

16.3　知识准备

故障处理的通用流程，如图 16.1 所示。

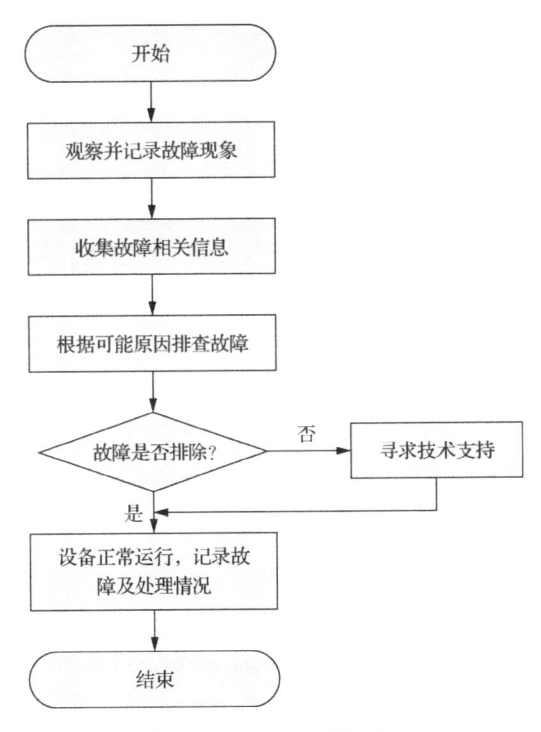

图 16.1　故障处理的流程

1．故障处理原则

（1）在定位故障时，先排除外部因素（如光纤中断、电源问题），再考虑设备的故障。
（2）先定位故障站点，再定位到具体单板。
（3）分析告警时，应先分析高级别告警再分析低级别告警。因为通常高级别的告警会引发低级别的告警。

2. 故障分类

1）按引起故障的原因分类

根据引起故障的可能原因不同，可以分为3类，即人为原因、物理原因及网管或设备原因。

（1）人为原因。

① 配置错误。

② 误删除或修改配置。

③ 误接入某些设备，这些设备发送大量广播报文导致 CPU 过高，大量网元脱管断连，单板重启。

（2）物理原因。

① 电压不稳定导致单板或设备整机重启。

② 物理光纤中断。

③ 接地不良导致设备重启。

（3）网管或设备原因。

① 软件运行或主备隧道切换期间出现故障。

② 业务单板硬件故障/主控单板硬件故障。

③ 网管配置误删除业务。

2）按故障影响的业务范围分类

根据故障影响的业务范围分类，故障可分为大量业务中断和单个业务中断。

（1）大量业务中断。

① 光纤问题。

② 广播风暴。

③ 设备掉电。

④ 配置数据丢失。

⑤ 主控倒换后业务不通。

（2）单个业务中断。

① 物理问题，如光纤问题、设备掉电。

② 配置数据问题，如 PW 控制字不一致，E1 业务序列号不一致，业务数据未下发到驱动，L2VPN MTU/端口 MTU/设备静态 MAC/静态 ARP 等配置数据缺失等。

③ 应用场景问题，如异构业务中 PW 模式/AC 接入模式选择异常。

④ 单点硬件异常，如交换模块、时钟模块异常。

⑤ 配置数据丢失。

3. 故障定位常见方法

常见故障定位方法有7种，具体如表 16.1 所示。

表 16.1 故障定位方法

方法名称	方法说明	适用场景
观察分析法	通过观察单板指示灯运行情况、网管告警事件和性能数据信息分析故障	用于初步判断故障类型和故障点的位置
仪表测试法	使用仪表测试系统或单板性能分析故障	用于排除外部原因、设备问题
拔插法	通过插拔单板或外部接口插头分析故障	用于排除外部原因中因接触不良导致的故障，或设备原因中处理器异常导致的故障
替换法	使用一个工作正常的物件替换一个怀疑工作不正常的物件分析故障	用于排除外部原因，如电源故障；用于排除设备原因，如单个站点内单板的问题、接地问题
配置数据分析法	通过分析设备当前的网管配置数据和用户操作日志定位故障	用于在故障定位到网元后，进一步分析故障原因
更改配置法	通过更改设备配置定位故障	用于故障定位到单个站点后，排除由于操作不当如配置错误导致的故障
经验处理法	根据工程经验处理故障	用于及时排除故障、恢复业务。经验处理法不利于故障原因的彻底查清，除非情况紧急，否则应尽量避免使用

1）观察分析法

当系统发生故障时，将出现相应的告警信息，通过观察设备单板上的指示灯运行情况，可以及时发现故障。有关指示灯的运行状态参见单板指示灯状态相关说明。

故障发生时，系统会记录告警事件和性能数据信息。维护人员通过分析这些信息，并结合告警原理机制，初步判断故障类型和故障点的位置。

通过网管采集告警信息和性能信息时，必须保证网络中各网元的当前运行时间设置和网管的时间一致。如果时间设置上有偏差，会导致对网元告警、性能信息采集的错误和不及时。

2）仪表测试法

仪表测试法一般用于排除传输设备外部问题。为了减小故障定位时对业务的影响，建议按照以下顺序使用仪表。

（1）SDH 分析仪。将 SDH 设备的远端自环，近端接 SDH 分析仪，判断误码来源。

（2）光功率计。使用光功率计精确测量该点光功率。

（3）光谱分析仪。使用光谱分析仪测试单板的光接口，直接从输出信号的光谱上读出光功率、信噪比，将得到的数据和原始数据进行比较，判断是否出现较大的性能劣化。

如果受到影响的业务是主信道的所有业务，重点分析合分波子系统和光放大子系统单板的光谱。如果受损的业务只是主信道中的一路业务，重点分析光转发板、合分波子系统单板和光放大子系统单板的光谱。

（4）色散分析仪。对经过光纤传输的光信号进行色散分析。

（5）以太网测试仪表。对以太网业务性能指标进行测试。

（6）光时域反射仪（Optical Time Domain Reflectometer，OTDR）。对光纤的长度、断点和损耗进行测量。

3）拔插法

发现单板故障时，可以通过插拔单板或外部接口插头的方法，排除因接触不良或处理器异常的故障。拔插单板时应严格按规范操作，以免由于操作不规范导致板件损坏等问题。

4）替换法

替换法指使用一个工作正常的物件替换一个怀疑工作不正常的物件，从而达到定位故障、排除故障的目的。物件可以是一段尾纤、一块单板或一台设备。替换法适用于以下情况。

（1）排除外部设备的问题，如光纤、接入设备、供电设备。

（2）故障定位到单站后，排除单站内单板的问题。

（3）解决电源、接地问题。

替换法操作简单，对维护人员要求不高，是比较实用的方法，缺点是要求有可用备件。

5）配置数据分析法

设备配置变更或维护人员的误操作，可能会导致设备的配置数据遭到破坏或改变，导致故障发生。

对于这种情况，可以采用配置数据分析法分析故障。即在故障定位到网元单站后，分析设备当前的配置数据和用户操作日志，找出异常配置数据或误操作配置，修改为正确配置。

配置数据分析法可以在故障定位到网元后，进一步分析故障，查清真正的故障原因。但该方法定位故障的时间相对较长，对维护人员的要求高，只有熟悉设备、经验丰富的维护人员才能使用。

6）更改配置法

更改配置法是通过更改设备配置来定位故障的方法。该方法适用于故障定位到单个站点后，排除由于配置错误导致的故障。

更改设备配置之前，应备份原有配置数据，同时详细记录所进行的操作，以便于故障定位和数据恢复。

可以更改的配置包括通路配置、槽位配置、单板参数配置。例如，在升级扩容改造中，如果怀疑新的配置数据有误，可以重新下发原有配置数据来判断是否是配置数据的问题。

由于更改配置法操作起来比较复杂，对维护人员的要求较高，因此仅用于在没有备板的情况下临时恢复业务。一般情况不推荐使用此方法。

7）经验处理法

在一些特殊的情况下（如由于瞬间供电异常、低压或外部强烈的电磁干扰），设备某些

单板的异常工作状态（如业务中断、监控通信中断），可能伴随相应的告警，也可能没有任何告警，检查各单板的配置数据可能也是完全正常的。此时，经验证明，通过复位单板、重新下发配置数据或将业务倒换到备用通道等手段，可有效地及时排除故障、恢复业务。

经验处理法不利于故障原因的彻底查清，除非情况紧急，否则应尽量避免使用。当维护人员遇到难以解决的故障时，应通过正确渠道请求技术支援，尽可能地将故障定位出来，以消除隐患。

16.4 任务实施

1. 典型故障 1

【故障现象】

某地网管只能够管理直接连接网管的设备，无法管理其他设备。

【故障分析】

可能原因有网元属性设置错误、网元与网管路由不可达或单板/端口故障。

【故障诊断动作】

（1）无法 ping 通脱管网元，通过 trace route 找出最后一跳可达节点，在最后一跳站点查看邻接端口配置和路由。

（2）检查单板和端口状态、CPU 资源占用情况、散热高温环境，调整故障链路、主控倒换等。

（3）修改上联端口 OSPF 区域设置错误。

（4）修改设置错误的 DCN 参数。

【故障处理步骤】

1）检查是否可以 ping/telnet 网元

（1）在网管计算机上，选择"开始"→"运行"选项，在弹出的"运行"对话框中输入 cmd，然后单击"确定"按钮，打开 cmd 窗口。

（2）在 cmd 窗口中，输入命令"ping"或"telnet"脱管网元 IP 地址，检查是否可以 ping 或 telnet 脱管网元。

tracert 结果显示的最后一跳 IP 地址即为所查找的 IP 地址。

是→步骤（3）。

否→步骤 2）。

（3）在网管客户端拓扑管理视图中，右击该网元，在弹出的快捷菜单中选择"在线/离线"选项，执行离线设置后，重新设置为在线。

（4）在网管客户端拓扑管理视图中，右击该网元，在弹出的快捷菜单中选择"网元属性"选项，检查网元属性，确保设备类型、硬件版本和软件版本属性和实际设备一致。检查故障是否排除。

是→结束。

否→步骤（2）。

2）在网管计算机上执行 tracert 脱管网元 IP 地址，查找最后一跳可达 IP 地址

（1）在网管计算机上，选择"开始"→"运行"选项，在弹出的"运行"对话框中输入 cmd，然后单击"确定"按钮，打开 cmd 窗口。

（2）在 cmd 窗口中，输入命令"tracert"脱管网元 IP 地址，查找出网管计算机到脱管网元路径的最后一跳可达 IP 地址。

tracert 结果显示的最后一跳 IP 地址即为所查找的 IP 地址。

3）检查是否可以直接 ping/telnet 最后一跳可达 IP 地址

（1）使用网管计算机直接连接最后一条可达 IP 地址所在的网元。

（2）在网管客户端拓扑管理视图中，右击该网元，在弹出的快捷菜单中选择"工具"→"ping"选项或选择"工具"→"telnet"选项，检查是否可以 ping 或 telnet 该网元。

是→步骤 4）。

否→步骤（3）。

（3）在网元管理窗口中，选择"网元操作"→"协议配置"→"路由管理"→"IPv4 路由信息查询节点"选项，检查是否有从该网元到网管计算机 IP 地址的路由条目、所宣告的 OSPF 路由是否正确，以及网络中是否有 IP 地址配置冲突。

是→结束。

否→步骤 4）。

（4）沿管理路径检查中间链路、接口、该网元的路由协议及 IP 地址配置，确保链路、接口正常，该网元的路由协议、IP 地址配置正确。检查故障是否排除。

是→结束。

否→步骤 4）。

4）检查单板 CPU 利用率及 NNI 端口收发包是否异常

（1）在网管查询性能，检查管理链路上脱管网元的单板 CPU 利用率、以太网物理接口（ETPI）发送错包率、以太网物理接口（ETPI）接收错包率性能是否大于性能门限值。

是→步骤（2）。

否→步骤 5）。

（2）参见单板 CPU 利用率、以太网物理接口（ETPI）发送错包率或以太网物理接口（ETPI）发送错包率告警处理后，检查故障是否排除。

是→结束。

否→步骤 5）。

5）检查故障是否排除

在网元管理窗口中，右击脱管网元，在弹出的快捷菜单中选择"网元操作"→"保护管理"→"主控板主备倒换"选项，执行主控板主备倒换。检查故障是否排除。

是→结束。

否→联系厂家进行技术支持。

2. 典型故障 2

某地 5G 承载网设备以太网单板上上报以太网物理接口未连接告警。

【故障现象】

端口处于 down 状态，或者端口状态从 up 变到 down。

【故障影响】

可能导致业务中断。

【故障原因】

原因 1：未插光模块，或端口 up 状态时拔出光模块。

原因 2：未连接光纤，或端口 up 状态时拔出光纤。

原因 3：光模块未插好，或者网线未插好。

原因 4：收光功率太低。

原因 5：端口被 shutdown。

原因 6：检测光口是否关闭发光或激光器自动关断关闭端口发光。

原因 7：端口进入震荡抑制模式。

原因 8：两边对接端口的码型不一致。

原因 9：设备的时钟单板异常，导致无法恢复 10GE 端口频率。

【故障处理步骤】

1）检查光纤光模块是否完好

是→步骤 3）。

否→步骤 2）。

2）更换光模块，检查告警是否消除

是→结束。

否→步骤 3）。

3）检查对接的光模块参数是否一致

在网管的网元管理窗口中，选中对接的单板，右击，在弹出的快捷菜单中选择"单板操作"→"维护管理"→"光模块信息查询节点"选项，查询光模块的信息。

是→步骤 5）。

否→步骤 4）。

4）更换成匹配的光模块，检查告警是否消除

是→结束。

否→步骤 5）。

5）检查光纤收发对接是否正确

是→步骤7）。

否→步骤6）。

6）按照正确的对接方式连接光纤，检查告警是否消除

是→结束。

否→步骤7）。

7）检查端口配置是否执行了 shutdown 配置命令

是→步骤8）。

否→步骤9）。

8）执行 no shutdown 命令，检查告警是否消除

是→结束。

否→步骤9）

9）检查端口的收发光功率是否正常

在网管上右击待查询的网元，在弹出的快捷菜单中选择"性能管理"→"当前光功率"选项，在打开的当前性能查询性能检测点窗口查询收发光功率。

是→步骤10）。

否→联系厂家技术支持。

10）验证对端光模块是否正常，检查告警是否消除

是→结束。

否→步骤11）。

11）检查端口是否进入震荡抑制模式

在网管的网元管理窗口中，右击，在弹出的快捷菜单中选择"接口配置"→"以太网端口基本属性配置"→"震荡抑制模式"选项，查询是否已进入震荡抑制模式。

是→联系厂家技术支持。

否→步骤12）。

12）检查时钟单板是否有故障告警

是→联系厂家技术支持。

否→结束。

任务实施记录单

班级_____学号_____姓名_____

故障现象	排查步骤	验证方法及结果
某地网管只能管理直接连接网管的设备，无法管理其他设备		
某地 5G 承载设备以太网单板上上报以太网物理接口未连接告警		

习题 4

1. 维护前需准备哪些工具？
2. 日常维护的项目有哪些？
3. 每周维护、每月维护和每季维护的区别是什么？
4. 故障处理的原则有哪些？
5. 根据引起故障的可能原因不同，故障可以分为哪几类？

参 考 文 献

[1] 中华人民共和国工业和信息化部. 宽带 IP 城域网工程设计规范：YD/T 5117—2016[S]. 北京：北京邮电大学出版社，2016.

[2] 中华人民共和国国家质量监督检验检疫总局. 信息技术设备 安全 第 1 部分：通用要求：GB 4943.1—2011[S]. 北京：中国标准出版社，2012.

[3] 中华人民共和国住房和城乡建设部. 通信线路工程验收规范：GB 51171—2016[S]. 北京：中国计划出版社，2016.

[4] 中华人民共和国国家质量监督检验检疫总局. 电信网络设备的电磁兼容性要求及测量方法：GB/T 19286—2015 [S]. 北京：中国标准出版社，2016.

[5] 中华人民共和国工业和信息化部. 有线接入网设备安装工程设计规范：YD/T 5139—2019[S]. 北京：北京邮电大学出版社，2019.

[6] 中华人民共和国工业和信息化部. 电信设备抗地震性能检测规范：YD 5083—2005[S]. 北京：北京邮电大学出版社，2006.

[7] 中华人民共和国工业和信息化部. 通信建设工程质量监督管理规定：中华人民共和国工业和信息化部令〔2018〕第 47 号[S].

[8] 中华人民共和国工业和信息化部. 通信建设工程安全生产管理规定：工信部通信〔2015〕406 号[S].

[9] 中华人民共和国工业和信息化部. 通信工程建设项目招标投标管理办法：中华人民共和国工业和信息化部令〔2014〕第 27 号[S].